Kontinuierliche Planung
der Fließfertigung von Varianten

Von der Fakultät für Maschinenbau
der Technischen Universität Carolo-Wilhelmina zu Braunschweig

zur Erlangung der Würde eines
Doktor-Ingenieurs (Dr.-Ing.)

genehmigte Dissertation

von: **Dipl.-Ing. Dipl.-Wirtsch.-Ing. Malte Medo**
aus: La Paz/Bolivien

eingereicht am: 18. Juni 2010
mündliche Prüfung am: 20. September 2010

Vorsitzender: Prof. em. Dr.-Ing. U. Berr
Hauptberichter: Univ.-Prof. Dr.-Ing. U. Dombrowski
Mitberichter: Univ.-Prof. Dr.-Ing. Prof. E.h. Dr.-Ing. E.h. Dr. h.c. mult. E. Westkämper

Schriftenreihe des IFU

Band 15

Malte Medo

Kontinuierliche Planung der Fließfertigung von Varianten

Shaker Verlag
Aachen 2010

Bibliografische Information der Deutschen Nationalbibliothek
Die Deutsche Nationalbibliothek verzeichnet diese Publikation in der Deutschen
Nationalbibliografie; detaillierte bibliografische Daten sind im Internet über
http://dnb.d-nb.de abrufbar.

Zugl.: Braunschweig, Techn. Univ., Diss., 2010

ISBN 978-3-8322-9546-2
ISSN 1617-965X

Shaker Verlag GmbH • Postfach 101818 • 52018 Aachen
Telefon: 02407 / 95 96 - 0 • Telefax: 02407 / 95 96 - 9
Internet: www.shaker.de • E-Mail: info@shaker.de

Vorwort

Die vorliegende Arbeit entstand im Rahmen meiner Tätigkeit als Mitarbeiter der IAP - Institut für Angewandte Produktionstechnologie GmbH in Braunschweig. Durch die enge Zusammenarbeit mit einem Unternehmen der Nutzfahrzeug- branche wurde ich bereits frühzeitig auf die Problemstellung in der Variantenfließfertigung aufmerksam. Das für mich erfreuliche war, dass die Konzepte, die nach und nach mit zunehmendem Verständnis der Problemstellung heranreiften nicht nur auf dem Papier entstanden, sondern auch in der Praxis bestehen mussten. Ich möchte somit vorab dem Unternehmen danken, das mir einen so praxisnahen Weg zur Dissertation ermöglicht hat.

Herrn Professor Uwe Dombrowski danke ich für die umfassende Unterstützung meiner Arbeit und für die Betreuung dieser wissenschaftlichen Ausarbeitung. Herrn Professor Engelbert Westkämper danke ich für die Förderung meiner Arbeit sowie für das mir und meiner Tätigkeit entgegengebrachte Vertrauen. Herrn Professor Ulrich Berr gilt mein Dank für die Übernahme des Vorsitzes bei der mündlichen Prüfung.

Darüber hinaus möchte ich den Herren Dr. Christian Bieniek und Ralf Kolshorn für die Unterstützung beim praktischen Einsatz der erarbeiteten Werkzeuge im industriellen Umfeld danken.

Herrn Dr. Andreas Bauer danke ich für die gemeinsamen Diskussionen am Schreibtisch oder am Telefon, die mir geholfen haben, die Verständlichkeit dieser Arbeit deutlich zu verbessern.

Mein letzter und besonderer Dank gilt meiner Frau Antje, ohne deren Geduld und Verständnis für die zahlreichen Tage und Nächte am Schreibtisch diese Arbeit sicherlich nicht möglich gewesen wäre.

Braunschweig, Juni 2010   Malte Medo

Inhaltsverzeichnis

Abbildungsverzeichnis

Tabellenverzeichnis

Abkürzungsverzeichnis

AKNA   Arbeitskreis Neue Arbeitsstrukturen der deutschen
            Automobilindustrie

ARIS   Architektur integrierter Informationssysteme

DIN   Deutsches Institut für Normung

DV   Datenverarbeitung

EDV   Elektronische Datenverarbeitung

ERP   Enterprise Ressource Planning

GM   General Motors

GPS   Ganzheitliches Produktionssystem

IFU   Institut für Fabrikbetriebslehre und Unternehmensforschung

KVP   Kontinuierlicher Verbesserungsprozess

LKW   Lastkraftwagen

MABW   Mittlere Abweichung

MRP   Materials and Resources Planning

PKW   Personenkraftwagen

PPS   Produktionsplanung und -steuerung

REFA   Reichsausschuss für Arbeitszeitermittlung, heutige Bezeichnung:
            Verband für Arbeitsgestaltung, Betriebsorganisation und
            Unternehmensentwicklung

SALBP   Simple Assembly Line Balancing Problem

TF   Teilefertigung

UML   Unified Modeling Language

VAR   Varianz

VDA   Verband der Automobilindustrie

VDI   Verein Deutscher Ingenieure

1 Einleitung

Unternehmen stehen heute einem sich wandelnden Umfeld gegenüber, welches von zunehmendem globalem Wettbewerb geprägt ist. Mehr denn je stehen somit die Interessen des Kunden im Vordergrund, und Unternehmen sind nur durch kontinuierliche Innovation und die hohe Individualisierung ihrer Produkte, d.h. Variantenvielfalt, in der Lage sich im Markt zu behaupten. Neben Globalisierung und Variantenvielfalt zählen auch Stückzahlschwankungen zu dem Spannungsfeld, in dem sich Unternehmen heute bewegen [Flei 05] S. 279.

Die kontinuierliche Innovation von Produkten und Prozessen fordert von den Unternehmen eine bisher nicht da gewesene Bereitschaft und Fähigkeit, das Unternehmen und die Produktionsstätten kontinuierlich anzupassen. Insbesondere von den unter dem Begriff *Digitale Fabrik* zusammengefassten Werkzeugen verspricht man sich eine Unterstützung für diese Wandlungsfähigkeit. Jedoch sind vorhandene Werkzeuge wie beispielsweise Tecnomatix und Delmia insbesondere für mittlere und kleine Unternehmen noch zu mächtig [West 07], [Aldi 07] S. 19. Der Übertrag der Ansätze der Digitalen Fabrik auf die Bedürfnisse kleiner und mittlerer Unternehmen stellt somit einen Markt dar, der noch erschlossen werden muss.

Unternehmen mit Fließfertigung sehen sich unter den veränderten Rahmenbedingungen besonders gefordert, ist doch dieser Fertigungstyp dafür konzipiert, die Fertigung identischer Produkte mit hoher Effizienz zu ermöglichen. Bei steigender Variantenvielfalt ist die Fließfertigung daher mit geeigneten Methoden und Werkzeugen zur Variantenbeherrschung auszustatten. Hier sind insbesondere Unternehmen gefordert, deren Produkte eine hohe Variantenvielfalt aufweisen – die beschriebene kontinuierliche Innovation kommt als zusätzlicher erschwerender Faktor noch hinzu.

1.1 Zielsetzung der Arbeit

Seit Anfang der 90er Jahre ist eine zunehmende Integration von unternehmerischen Planungsprozessen zu beobachten. Die erhöhten Anforderungen an die Wandlungsfähigkeit von Fabriken haben zu einer Integration von Produktentstehungs- und Produktionsentstehungsprozess geführt, wodurch schnellere Reaktionen auf das turbulente Umfeld ermöglicht werden.

Dombrowski weist darauf hin, dass die Integration des Auftragsabwicklungs-
prozesses im Rahmen der Digitalen Fabrik noch zusätzliche Potentiale birgt
[Domb 02] S. 9. Die Ausweitung Ganzheitlicher Produktionssysteme auf
Fabrikplanungsprozesse kann einen Beitrag zu dieser Integration leisten [Domb
05a] S. 18/21. Eine Abgrenzung zwischen Fabrikplanung und Produktionsplanung wird somit zunehmend schwieriger, da mit zunehmender Integration
eine engere Verzahnung beider Prozesse stattfindet.

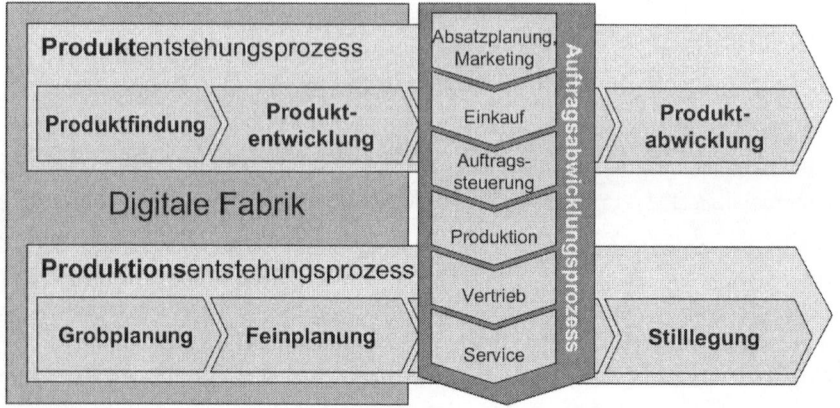

Abbildung 1.1:   Die Rolle der digitalen Fabrik im Produktenstehungs-,
Produktionsentstehungs- und Auftragsabwicklungsprozess, in
Anlehnung an [VDI 08] S. 3

Konnten die Prozesse bisher zumindest in ihrer Fristigkeit unterschieden
werden, so kommen heute auch Fabrikplanungsprozesse in stark verkürzten
Planungszyklen zum Einsatz. Diese Entwicklung wird in der Literatur mit dem
Begriff der kontinuierlichen Fabrikplanung beschrieben [West 00] S. 95.

Erste Zielsetzung der vorliegenden Arbeit soll es sein, ein geeignetes
integratives Werkzeug für die kontinuierliche Planung der Fließfertigung von
Varianten zu entwickeln und anhand eines Umsetzungsbeispiels zu validieren.
Dafür soll die Schnittstelle zwischen Auftragsabwicklungsprozess und
Produktionsentstehungsprozess am Beispiel der Variantenfließfertigung syste-
matisch untersucht werden, um die Anforderungen an das Werkzeug abzuleiten.

Neben einem geeigneten Werkzeug benötigen Unternehmen jedoch auch eine
Systematik, um negative Effekte der Variantenvielfalt auf die Produktivität zu
vermeiden. Die zunehmende Streuung des Arbeitsumfangs je Produkt hat

direkte Auswirkungen auf die Personalproduktivität, da bei stark unterschiedlichen Arbeitsinhalten Arbeitskräfte vorgehalten werden müssen, um Spitzen abzufangen [Domb 06] S. 716.

Die zunehmende Streuung der Arbeitsinhalte lässt sich beispielsweise in der Nutzfahrzeugindustrie nachweisen. Abbildung 1.2 stellt die Verteilung des Arbeitsaufwands in Vorgabestunden von zwei Stichproben dar. Verglichen wird eine Stichprobe von jeweils 200 Fahrzeugen aus den Jahren 2002 und 2004. Die x-Achse stellt feste Intervalle für den Arbeitsaufwand der Fahrzeuge dar. Auf der x-Achse ist die Anzahl der Fahrzeuge aufgetragen, die in das entsprechende Intervall fallen.

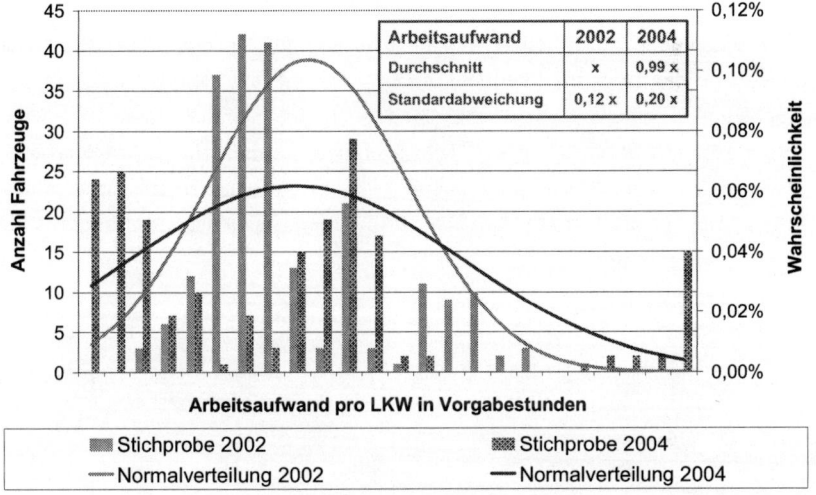

Abbildung 1.2:   *Beispiel für die Entwicklung der Variantenvielfalt in der Nutzfahrzeugbranche [Domb 06] S. 715*

Die Veränderung des Streuverhaltens des Arbeitsaufwands wird in der Abbildung anhand des Mittelwerts und der Standardabweichung verdeutlicht. Während der durchschnittliche Arbeitsaufwand von 2002 bis 2004 nur um 1% gesunken ist, ist die Standardabweichung von 0,12x auf 0,20x, d.h. um 67% gestiegen. X bezeichnet dabei den durchschnittlichen Arbeitsaufwand der Stichprobe aus dem Jahr 2002. Standardabweichung und Durchschnitt sind zur Verdeutlichung in der Abbildung als Normalverteilung visualisiert.

Insbesondere im Hochlohnland Deutschland kommt der Minimierung des Personaleinsatzes unter Berücksichtigung der zunehmenden Streuung der Arbeitsinhalte eine hohe Bedeutung zu. Die **zweite Zielsetzung** im Rahmen dieser Arbeit soll daher die Entwicklung einer Systematik sein, die eine Minimierung des Personaleinsatzes in der Variantenfließfertigung erlaubt. Diese Systematik soll insbesondere für den Fall hoher Variantenvielfalt und kurzer Innovationszyklen anwendbar sein, ein Fall in dem die bekannten Ansätze des Operations Research selten zur Anwendung kommen. Die Systematik soll anhand von zwei Fallbeispielen auf ihre Wirksamkeit hin überprüft werden.

1.2 Aufbau der Arbeit

Die vorliegende Arbeit gliedert sich in neun Kapitel mit dem Ziel, den Leser zunächst in die Begrifflichkeiten einzuführen und mit den Grundlagen der betrachteten Themen vertraut zu machen. Im Anschluss daran wird der Handlungsbedarf beschrieben und eine geeignete Lösung für diesen erarbeitet und vorgestellt. Den Abschluss der Arbeit stellen die beispielhafte Anwendung und die kritische Bewertung dar. Der Aufbau der Arbeit ist in Abbildung 1.3 schematisch dargestellt.

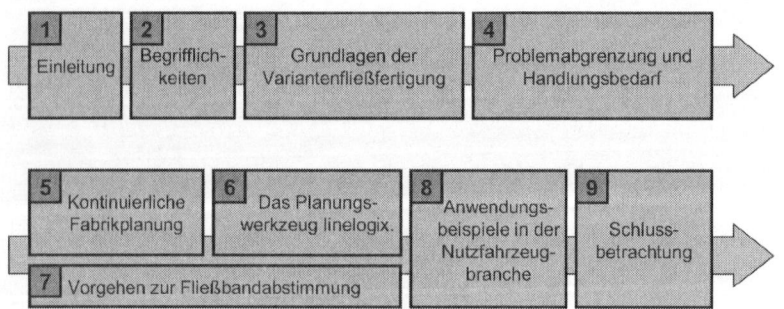

Abbildung 1.3:   Aufbau der Arbeit

Im ersten Kapitel wird auf die Problemstellung und die Zielsetzung der Arbeit hingeführt und deren Aufbau beschrieben. Im Rahmen des zweiten Kapitels werden die wesentlichen Begrifflichkeiten erläutert und definitorisch eingegrenzt.

Das dritte Kapitel erläutert die Grundlagen der Variantenfließfertigung. Neben der geschichtlichen Entwicklung wird insbesondere auf die Eigenschaften der

Variantenfließfertigung, die differenzierenden Planungsprozesse und die im Rahmen der Planung eingesetzten Methoden und Werkzeuge eingegangen.

Aufbauend auf den im zweiten und dritten Kapitel beschriebenen Grundlagen widmet sich das vierte Kapitel der Ableitung und Begründung des erkannten Handlungsbedarfs.

In Kapitel fünf werden nach der Auswahl eines geeigneten systemtheoretischen Ansatzes die Anforderungen an einen integrierten Planungsprozess erarbeitet, der eine Beschleunigung der fabrikplanerischen Aufgaben ermöglichen soll. Dazu werden die Anforderungen an eine Integration von Fabrikplanung und Produktionsplanung hinsichtlich des Ziel-, Objekt-, Prozess- und Handlungssystems beschrieben. Aufbauend auf den erarbeiteten Integrationsanforderungen wird in Kapitel sechs ein geeignetes prototypisches Werkzeug zur Planungsunterstützung vorgestellt.

Das siebte Kapitel hat die Entwicklung eines Vorgehens für den Planungsschritt der Fließbandabstimmung unter der besonderen Rahmenbedingung unvollständiger Information zum Inhalt.

Die Anwendung von Werkzeug und Systematik wird in Kapitel acht anhand von zwei Beispielen aus der Nutzfahrzeugbranche beschrieben und bewertet.

Das letzte Kapitel fasst die Erkenntnisse dieser Arbeit zusammen und liefert einen Ausblick für den weiteren Forschungsbedarf.

2 Begrifflichkeiten

Dieser Abschnitt soll einen Einstieg in das Themenumfeld und das Verständnis der verwendeten Begriffe ermöglichen. Hierfür sind insbesondere die im Titel dieser Arbeit enthaltenen Begriffe, sowohl als Einzelbegriffe als auch in ihrer zusammengesetzten oder erweiterten Form von Bedeutung: Fertigung, Fließfertigung, Varianten, Variantenfließfertigung, Planung, Fabrikplanung und kontinuierliche Fabrikplanung.

2.1 Fertigung

Der VDI nimmt in seiner Richtlinie 2815 grundlegende Begriffsdefinitionen für die Produktionsplanung und -steuerung vor. In diesem Kontext umfasst die Fertigung „alle organisatorischen und technischen Maßnahmen zur Herstellung von Material oder Erzeugnissen." Dabei werden insbesondere die Montage und die Teilefertigung explizit mit eingeschlossen. [VDI 78a] S.2/3

Darüber hinaus beschreibt der VDI die Fertigungsablaufart Fließfertigung als „stufenweise Fertigung von Material und Erzeugnissen in räumlich zusammenhängenden und entsprechend dem Fertigungsablauf angeordneten ortsgebundenen Arbeitsplätzen eines Teilbereichs bei vorgegebener Artenteilung, lückenloser Aufeinanderfolge, starrer zeitlicher Abstimmung und unter Einsatz von verschiedenen Arbeitskräften, die während der Arbeitsausführung nicht wechseln" [VDI 78b] S. 2. Bei einem mehrstufigen Produkt entspricht diese Beschreibung einer räumlichen Anordnung der Arbeitsplätze, die sich an der Reihenfolge der am Produkt vorzunehmenden Arbeitsschritte orientiert. Auch weitere Autoren weisen auf die starke Ausrichtung an dem Erzeugnis oder Produkt hin, die die Fließfertigung auszeichnet [Garl 97] S. 6, [Spie 98], S. 31.

Die starre zeitliche Abstimmung der Fließfertigung wird durch den ihr eigenen Ablauf erforderlich und differenziert sie somit von den weiteren Fertigungsablaufarten. Diese sind neben der Fließfertigung die Werkstattfertigung, die Inselfertigung und die Reihenfertigung [Schu 06] S. 131. Aus der in Abbildung 2.1 dargestellten räumlichen Anordnung der Arbeitsplätze für diese Ablaufarten wird deutlich, dass nur die Fließfertigung eine starre zeitliche Abstimmung erfordert, da nur in ihrem Fall jeder Arbeitsschritt von jedem

Produkt genau einmal durchlaufen wird. Daraus ergibt sich die starke zeitliche Wechselwirkung der einzelnen Arbeitsschritte.

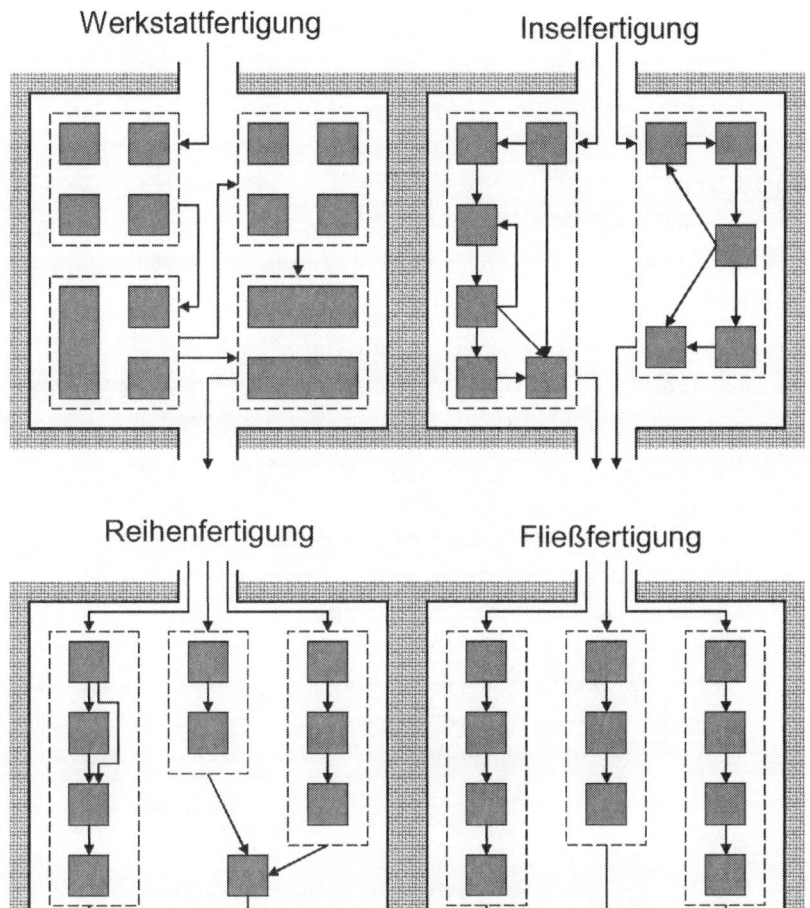

Abbildung 2.1:   Ausprägungen der Ablaufart in der Teilefertigung (in Anlehnung an [Schu 06] S. 131)

Die Verwendung der Begrifflichkeiten erfolgt in der Literatur nicht durchgängig. Der VDI fügt den von Schuh genannten Ablaufarten beispielsweise die Werkbankfertigung, die automatische Fertigung, die

Baustellenfertigung und die Wandermontage hinzu, lässt dafür jedoch die Inselfertigung ungenannt [VDI 78b] S.2. Neben der Fließfertigung weist auch die automatische Fertigung eine starre zeitliche Aufeinanderfolge der Arbeitsschritte auf. Im Rahmen der vorliegenden Arbeit soll jedoch die Fließfertigung im Vordergrund stehen. Die Gründe hierfür werden am Ende dieses Abschnitts genannt.

Die Ablaufart ist nur eines der möglichen Klassifizierungsmerkmale der Produktion. Als weitere Klassifizierungsmerkmale schlagen Domschke et al. unter anderem Folgende vor [Doms 97] S. 5/6:

Mechanisierungsgrad: Es wird zwischen manueller, mechanisierter und automatisierter Produktion unterschieden.

Marktbezug: Wird ohne einen Bezug zu einem konkreten Kundenauftrag gefertigt so spricht man von kundenanonymer Fertigung. Existiert ein zugrunde liegender Kundenauftrag wird die Produktionsform Kundenauftragsfertigung genannt.

Repetitionstyp: Je nach herzustellender Stückzahl wird zwischen Massen-, Varianten- (Sorten-), Serien- und Einzelfertigung unterschieden. Die Massenfertigung beschreibt die Herstellung nahezu identischer Produkte in großer Stückzahl. Auch bei der Variantenfertigung wird ein Produkt in großer Stückzahl aber in einer gewissen Anzahl von Varianten hergestellt (zum genaueren Verständnis des Begriffs Variante vgl. Abschnitt 2.2). Serienfertiger hingegen stellen mehrere Produkte in begrenzten Stückzahlen her, während Einzelfertiger eine Vielzahl von Produkten bei Stückzahlen nahe Eins produzieren.

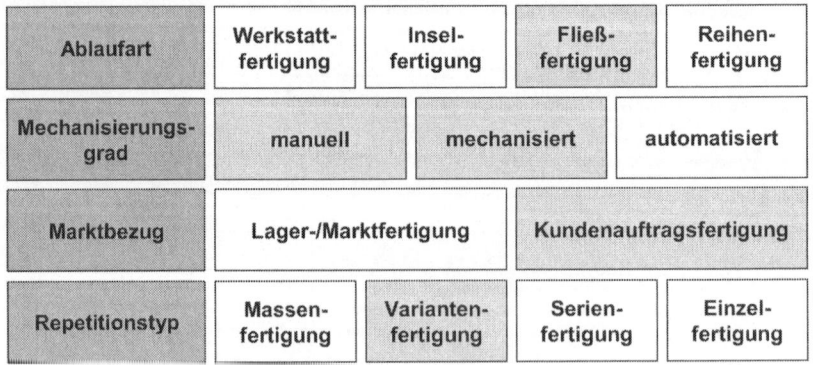

Ablaufart	Werkstatt-fertigung	Insel-fertigung	Fließ-fertigung	Reihen-fertigung
Mechanisierungs-grad	manuell		mechanisiert	automatisiert
Marktbezug	Lager-/Marktfertigung		Kundenauftragsfertigung	
Repetitionstyp	Massen-fertigung	Varianten-fertigung	Serien-fertigung	Einzel-fertigung

Abbildung 2.2:   Einordnung der Variantenfließfertigung

Ordnet man die Variantenfließfertigung nach diesen Kriterien ein, so ergibt sich das in Abbildung 2.2 dargestellte Bild. Demnach beschränken sich die Ausführungen dieser Arbeit auf die manuelle und mechanisierte Fertigung, auch wenn ein Großteil der Ergebnisse auf die automatisierte Fertigung übertragen werden kann. Der Minimierung des Personaleinsatzes kommt in der automatischen Fertigung jedoch nur eine untergeordnete Rolle zu, da der Mensch in diesem Fall nur noch Rüst-, Beschickungs- und Überwachungsaufgaben wahrnimmt [VDI 78b] S. 1. Zugleich soll davon ausgegangen werden, dass die Fertigung mit einem Bezug zu einem Fertigungsauftrag erfolgt, da die Entwicklung der Kundenanforderungen einen entscheidenden Beitrag zur Entwicklung der Variantenfließfertigung geleistet haben, wie im folgenden Abschnitt erläutert wird.

2.2 Variante

Der VDI definiert die Variante 1978 als „Abart einer Grundausführung" [VDI 78a] S. 3. Diese recht allgemeine Definition wird wesentlich später vom deutschen Institut für Normung in der Norm DIN 199 genauer beschrieben als „Gegenstände ähnlicher Form und/oder Funktion mit einem in der Regel hohen Anteil identischer Gruppen oder Bauteile" [DIN 02] S. 15. Diese aus Sicht der Konstruktion getroffene Definition wird den wandelnden Markterfordernissen gerecht, die Unternehmen eine zunehmende Variantenvielfalt abverlangen.

Wiendahl definiert die Variantenvielfalt als „Anzahl der unterschiedlichen Ausführungsformen eines Teils, einer Baugruppe oder eines Produktes". Grundsätzlich kann dabei zwischen Produktvarianz und Produktionsvarianz unterschieden werden. Während die Produktvarianz strukturelle oder technische Unterschiede des Produktes beschreibt, drückt die Produktionsvarianz die daraus entstehenden Unterschiede im Produktionsablauf aus. [Wien 04] S.7

Die Ursachen für die steigende Variantenvielfalt sind zahlreich. Sie werden in unternehmensexterne und unternehmensinterne unterteilt [Wien 04] S.9. Dabei führen externe Ursachen nicht direkt zu einer zunehmenden Variantenvielfalt, sondern zu Unternehmensstrategien, die interne Ursachen von Variantenvielfalt bedingen.

Externe Ursachen sind beispielsweise der Wandel zu einem Käufermarkt und die damit verbundene starke Kundenorientierung vieler Unternehmen; neue

Kunden zu gewinnen und bestehende Kunden zu erhalten gelingt nur noch durch eine zunehmende Differenzierung des Produktspektrums.

Interne Ursachen sind insbesondere in den Bereichen Vertrieb und Konstruktion zu finden. Der Vertrieb ist motiviert, durch zusätzliche Produktvarianten neue Kunden zu gewinnen. „Dabei wird der Variantenreichtum überwiegend aus Marketingsicht als Chance für das Unternehmen betrachtet" [Ling 94] S.1. Die Konstruktion zieht es teilweise vor, Teile neu zu konstruieren, als nach einem vorhandenen, funktional gleichwertigem Teil zu suchen.

Aus Sicht der Produktionsplanung definiert Decker Varianten als Produkte, die unterschiedliche Bearbeitungszeiten aufweisen und um die gleichen Fertigungs-einheiten konkurrieren [Deck 93] S. 10. Diese Definition soll für die vorliegende Arbeit übernommen werden.

2.3 Planung

Planung ist die „geistige Vorwegnahme zukünftiger Handlungsalternativen, deren Bewertung anhand zu verfolgender Zielsetzungen und die dement-sprechende Auswahl einer oder mehrerer zu realisierender Alternativen" [Doms 97] S.1. Der Verein Deutscher Ingenieure (VDI) beschreibt die Aufgabe der Planung ähnlich, jedoch konkreter: „Festlegen von Zielen, sowie Vorbereiten von Aufgaben und Festlegung des Ablaufes zur Erreichung der Ziele" und schließt damit auch die Zieldefinition explizit mit ein. Weiterhin präzisiert der VDI die Aufgabe als „Beschreibung der notwendigen Maßnahmen zur Erreichung von Zielen." [VDI 92] S.114, S. 166. Auch der REFA – Verband für Arbeitsstudien und Betriebsorganisation definiert die Planung ähnlich als „das systematische Suchen und Festlegen von Zielen sowie von Aufgaben und Mitteln zum Erreichen der Ziele" [REFA 85] S. 18.

Die Aufgabe der Planung ist es somit, Ziele festzulegen, Handlungsalternativen zu generieren und diejenigen auszuwählen, die den Zielen entsprechen.

Domschke untergliedert diesen Prozess in vier allgemeine Schritte:

1. Zielsetzung unter Beachtung übergeordneter Unternehmensziele

2. Suche nach Alternativen

3. Prognose zukünftiger Erwartungen und Datenermittlung

4. Bewertung und Auswahl von Alternativen

Diese Schritte lassen sich in einem Flussdiagramm darstellen (siehe Abbildung 2.3). Das Erkennen des Entscheidungsproblems und ggf. die Zerlegung in Teilprobleme ist dem Planungsprozess voranzustellen.

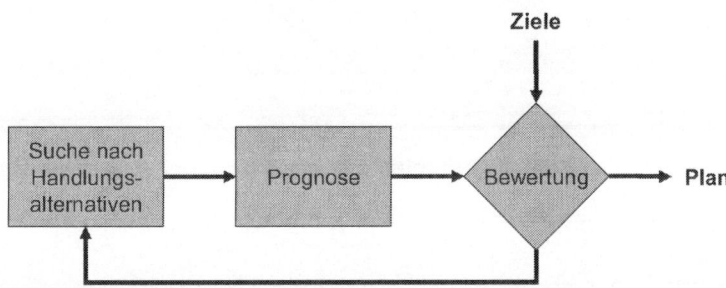

Abbildung 2.3: Planungsprozess

Die Suche nach Alternativen und die Prognose erfolgt durch die Variation von Planungsgrößen. Die so generierten Handlungsalternativen werden anhand eines Modells auf ihre Zielerreichung geprüft. Jeder einzelne dieser Schritte kann durch Planungswerkzeuge oder -methoden gezielt unterstützt bzw. systematisiert werden.

Aus betriebswirtschaftlicher Sicht sind Planungsprozesse jeweils im Kontext eines vollständigen Planungssystems zu sehen, in welches sie sich eingliedern. Nur über eine solche „zielorientierte Integration", d.h. einer sinnvollen inhaltlichen Verbindung und einer in zweckmäßigem zeitlichen Zusammenhang stehenden Verknüpfung, können sinnvolle Aussagen gemacht werden [Fres 96] S. 3-49.

Um diese Integration zu ermöglichen, ist eine Beschreibung der Planungsprozesse hinsichtlich Inhalt, Umfang/Detaillierungsgrad und Fristigkeit notwendig.

Hinsichtlich der Fristigkeit lassen sich Planungsprozesse je nach Planungshorizont in kurzfristige, mittelfristige und langfristige Prozesse unterteilen. Abbildung 2.4 verdeutlicht die Ebenen anhand des Planungshorizontes. Auch die mit der Planung verknüpfte Kontrolle von Vergangenheitswerten reicht je nach Ebene mehr oder minder weit in die Vergangenheit.

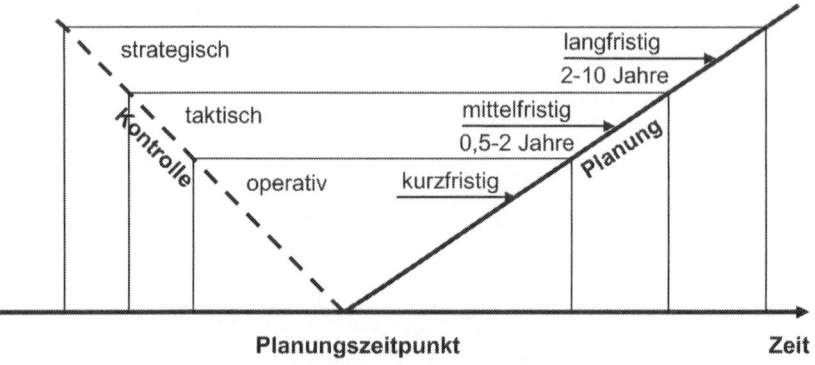

Abbildung 2.4:   Ebenen der Planung [Doms 97] S. 2

In der betriebswirtschaftlichen Literatur erfolgt die Einordnung zusätzlich anhand der Organisationsebene, in der die Entscheidungen getroffen werden. Hier unterscheidet man zwischen den hierarchischen Planungsebenen strategischer, taktischer und operativer Planung.

Planung erfolgt in einem Zyklus. Ein Planungszyklus ist ein regelmäßig wiederkehrender Ablauf einer bestimmten Planung. Die Zeitspanne zwischen dem Beginn zweier aufeinander folgender gleichartiger Planungszyklen, wird als Planungszykluszeit bezeichnet [VDI 92] S. 166.

2.4 Fabrikplanung

Die Fabrikplanung ist durch den Fachausschuss Fabrikplanung des VDI neu definiert worden als der „systematische, zielorientierte, in aufeinander aufbauende Phasen strukturierte und unter Zuhilfenahme von Methoden und Werkzeugen durchgeführte Prozess zur Planung einer Fabrik von der Zielfestlegung bis zum Hochlauf der Produktion. Sie kann ebenso die später folgende Anpassung im laufenden Betrieb beinhalten" [VDI 09] S. 3. Aufgrund des Alters der vorangegangenen Standardliteratur der Fabrikplanung, stellt sich die Frage nach der Aktualität und Gültigkeit älterer Definitionen [Tied 05] S. 5. Insbesondere die Erweiterung gegenüber älteren Definitionen um die Anpassung im laufenden Betrieb trägt den veränderten Anforderungen Rechnung, denen sich Unternehmen heute stellen müssen.

Der Anpassungsprozess im Rahmen der Fabrikplanung wird jedoch schon länger in der Fachliteratur diskutiert. Westkämper prägt bereits 2000 den Begriff der „kontinuierlichen und partizipativen Fabrikplanung" und fordert zum einen die Integration der heute projektbezogenen Tätigkeiten Fabrikplanung, Serienplanung und Investitionsplanung mit den kontinuierlichen Tätigkeiten der Arbeitsplanung und Produktionsplanung und -steuerung und zum anderen die Planung und Entscheidung von Veränderungen unter gleichzeitiger Beteiligung aller Interessen [West 00] S. 93. Auch in der englischsprachigen Literatur wird auf die Unterschiede zwischen „initial vs. adaptive design" und auf den damit verbundenen Forschungsbedarf hingewiesen [Shim 97b] S. 480. Die Beschreibung der Fabrikplanung als „sämtliche Planungs-, Gestaltungs-, Auslegungs- und Realisierungsaufgaben von Produktionsstätten bis hin zu deren Anlauf" [Hern 03] S. 12, Zusammenfassung von Hernández, ist somit zu überdenken.

Als Reaktion auf die veränderten Anforderungen erweitert Dombrowski das IFU-Fabrikplanungsmodell um eine zusätzliche Phase, die die Anpassung und das „Tuning" von Fabriken beinhaltet [Domb 05a] S. 15 – siehe hierzu Abbildung 2.5 – welches als Referenzmodell für die vorliegende Arbeit herangezogen werden soll.

Während unter Tuning die Steigerung der Leistungsfähigkeit der Fabrik verstanden wird, ist mit Anpassung das Realisieren von Anforderungen gemeint, die sich aus den geänderten Rahmenbedingungen für Produktionsunternehmen ergeben [Domb 04] S. 4/5. Sowohl der Prozess der Anpassung als auch der des Tunings hat laut Tiedemann störungsfrei, aufwandsarm und reaktionsschnell zu erfolgen [Tied 05] S. 6.

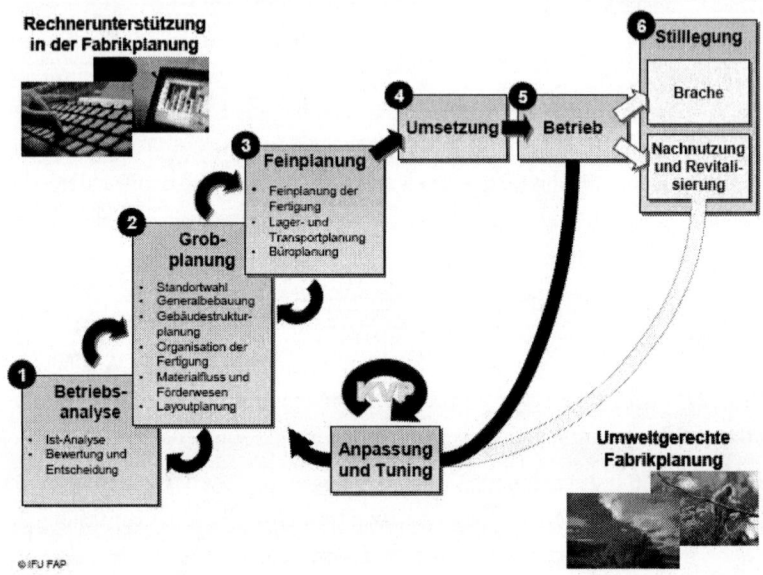

Abbildung 2.5:   IFU-Referenzmodell der Fabrikplanung [Domb 05a] S. 15

Zusammenfassend lässt sich sagen, dass es sich bei der kontinuierlichen Fabrikplanung in der Variantenfließfertigung um einen deutlich umrissenen und sehr spezifischen und komplexen Themenbereich handelt, der aufgrund der zunehmenden Variantenvielfalt und der von Fabrikbetrieben geforderten Anpassungsfähigkeit von elementarem Interesse ist.

3 Grundlagen der Variantenfließfertigung

Im Rahmen dieses Kapitels soll die Entwicklung und der aktuelle Stand der Variantenfließfertigung und insbesondere der Stand der Planungsmethodik in der Variantenfließfertigung beschrieben werden. Die Struktur dieses Kapitels ist in der folgenden Abbildung 3.1 dargestellt.

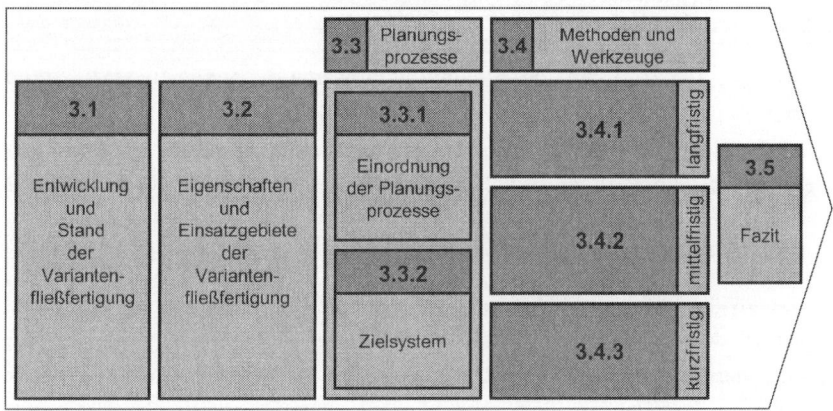

Abbildung 3.1:   Kapitelstruktur für Kapitel 3

Abschnitt 3.1 widmet sich der geschichtlichen Entwicklung von der einfachen Fließfertigung zu Beginn des neunzehnten Jahrhunderts bis zur heutigen Variantenfließfertigung. In Abschnitt 3.2 werden die Eigenschaften und Einsatzgebiete der Variantenfließfertigung beschrieben. Abschnitt 3.3 hat die Erläuterung und Strukturierung der relevanten Planungsprozesse zum Inhalt. Dazu werden die Planungsprozesse gemäß ihrer Fristigkeit eingeordnet und das Zielsystem der Variantenfließfertigung erläutert. Ausgehend davon werden in Abschnitt 3.4 die wichtigsten Planungsmethoden der Variantenfließfertigung als Grundlage für die weitere Arbeit beschrieben. Das Fazit aus dem Kapitel 3 wird in Abschnitt 3.5 zusammengefasst.

3.1 Entwicklung und Stand der Variantenfließfertigung

Die Variantenfließfertigung hat sich aufgrund von Markterfordernissen aus der Fließfertigung entwickelt. Die Idee der Fließfertigung geht dabei nicht erst auf die industrielle Revolution zurück. Erste Fließbänder kommen bereits zu Beginn des 19. Jahrhunderts in Mühlen als Transportbänder zum Einsatz [Evan 21] S.237/238. 1870 wird diese Technik auch in den Schlachthäusern Chicagos verwendet, um das Schlachtgut von einem Arbeiter zum nächsten zu transportieren. Weitaus bekannter ist das erste Fließband von Henry Ford aus dem Jahre 1913. Henry Ford begründet in diesem Jahr die preisgünstige industrielle Massenproduktion. Möglich wird diese aber nicht nur durch den stringenten Materialfluss, sondern erst durch die Austauschbarkeit und Standardisierung von Bauteilen [Woma 90] S. 34.

Maßgeblich für den Erfolg der Fließfertigung waren die hohe Effizienz und die Nutzung von Lernkurveneffekten, die sich mit der aus diesem Anordnungstyp resultierenden hohen Arbeitsteilung erreichen ließen. Durch den Wegfall der Gehwege konnte Ford die Taktzeit seines Bandes von 2,4 Minuten auf 1,2 Minuten reduzieren. Die erzielte Zeitersparnis bezogen auf die Montage einzelner Komponenten betrug dabei deutlich über 50% (vgl. Tabelle 3.1).

Während die Auswirkungen der Fließbandeinführung durch Zahlen nachgewiesen werden kann, gibt es für die Produktivitätseffekte, die aus der Standardisierung erfolgen, keine Datengrundlage. Letztere werden von Womack und Jones jedoch noch deutlich höher eingeschätzt [Woma 90] S. 36.

Tabelle 3.1: Rationalisierungseffekte der Massenfertigung [Woma 90] S. 37

Montagezeit in Minuten	späte handwerkliche Fertigung Herbst 1913	Massenproduktion Frühling 1914	Zeitersparnis in %
Motor	594	226	62
Magnetzünder	20	5	75
Achse	150	26,5	83
Zusammenbau größerer Aggregate zum Gesamtfahrzeug	750	93	88

Bereits zu Zeiten Fords wird erkannt, dass die Vorteile der Fließfertigung nicht in jedem Fall geltend gemacht werden können. Mengeneffekte lassen sich beispielsweise bei vergleichsweise geringen Stückzahlen nicht so wie in der Automobilfertigung erzielen. So scheiterte die Übertragung der Rationalisierungseffekte auf die deutsche Industrie teilweise an dem im Vergleich zu den Vereinigten Staaten begrenzten Binnenmarkt [Spur 04] S. 529.

Auf der Suche nach weiteren Möglichkeiten, die Effizienz zu steigern, wird im Rahmen der „Hawthorne-Experimente" in den Jahren 1924-1932 die Bedeutung der Nutzung von informellen Gruppenbeziehungen zur Leistungssteigerung deutlich. Aus diesen Überlegungen gehen in den Folgejahren Bewegungen wie die Human-Relations-Bewegung hervor. Gleichzeitig werden die Nachteile der in der starken Arbeitsteiligkeit begründeten monotonen Tätigkeiten der Arbeiter wie beispielsweise Qualitätsmängel, Absentismus, Fluktuation und die Unzufriedenheit der Mitarbeiter erkannt [Shim 97] S. 24, [Saur 96] S.27. Diese Symptome und insbesondere die veränderten Anforderungen des Marktes läuten in den 70er Jahren das Ende der Massenfertigung ein.

Bereits 1928 verliert Ford seine Marktführung an General Motors, weil den GM-Kunden Fahrzeuge in unterschiedlichen Farben und eine regelmäßige Modellpflege angeboten werden [Schr 86] S. 175, [Sloa 66] S. 163. Dieses Indiz für eine zunehmende Differenzierung des Marktes kündete einen Trend an, der bis heute anhält. Die Hersteller begegnen diesem mit einem differenzierten Angebot an Ausstattungsvarianten; aus der Fließfertigung wird die Variantenfließfertigung.

Im Jahr 1963 äußert sich GM-Vorstandsvorsitzender John Gordon zur Produktpalette: „Wenn man alle verfügbaren Farben in Rechnung stellt und alle wahlweisen Ausrüstungen und Zusätze, die wir jetzt anbieten – Einspritzmotor, Klimaanlage, Stahlstoßstangen usw. –, könnten wir theoretisch die gesamte Jahresproduktion durchgehen, ohne zwei Wagen genau gleich zu machen" [Sloa 66] S. 411.

Die wirtschaftliche Entwicklung der 50er und 60er Jahre erforderte eine Weiterentwicklung der Technik. Aufgrund der Rationalisierung durch Automatisierung rückten soziale Aspekte in der westlichen industriellen Welt weitestgehend in den Hintergrund [Nief 93] S. 25.

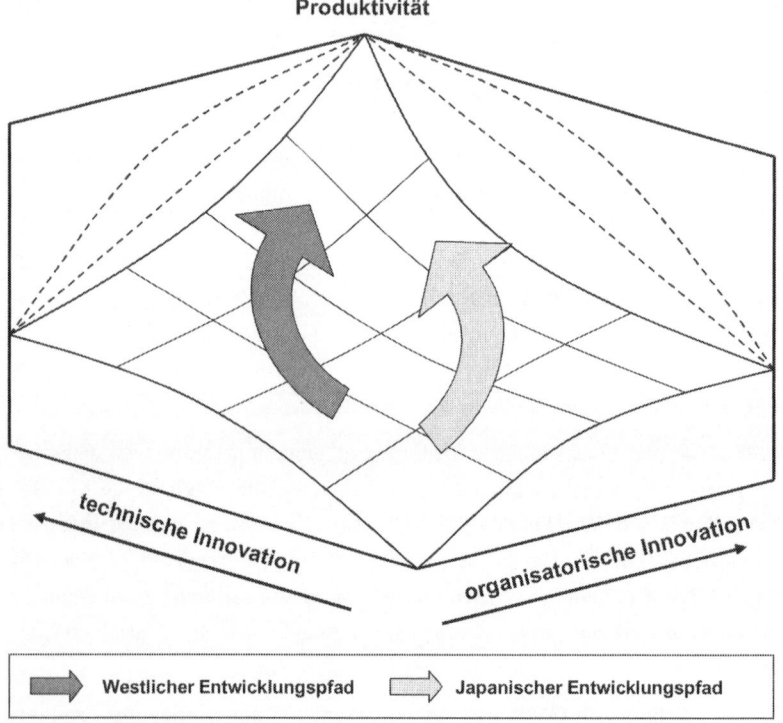

Abbildung 3.2:   *Entwicklungspfade westlicher und japanischer*
                  Industrieunternehmen [Shim 97] S. 35

Um höhere Produktivität zu erzielen, setzt die japanische Automobilindustrie, wie in Abbildung 3.2 dargestellt, im Gegensatz zu den westlichen Industrieländern bereits seit Ende des zweiten Weltkrieges weniger auf technische sondern vielmehr auf organisatorische Innovation [Shim 97] S. 35. Letztere führen letztendlich zu dem Toyota Produktionssystem, einem Produktionssystem, das zum Ziel hat, Verschwendungen zu vermeiden und eine kontinuierliche Verbesserung zu bewirken.

Erst in den 80er Jahren, als sich der Markt weltweit in viele Produktsegmente aufteilt, wird die hohe Flexibilität dieses Produktionssystems auch von westlichen Unternehmen erkannt [Woma 92] S. 70/71. Europäische und amerikanische Unternehmen machen sich die gebündelten Erfahrungen japanischer Unternehmen durch Konzepte wie „Lean Production" und Ganzheitliche Produktionssysteme (GPS) zu Nutze (vgl. Abbildung 3.3).

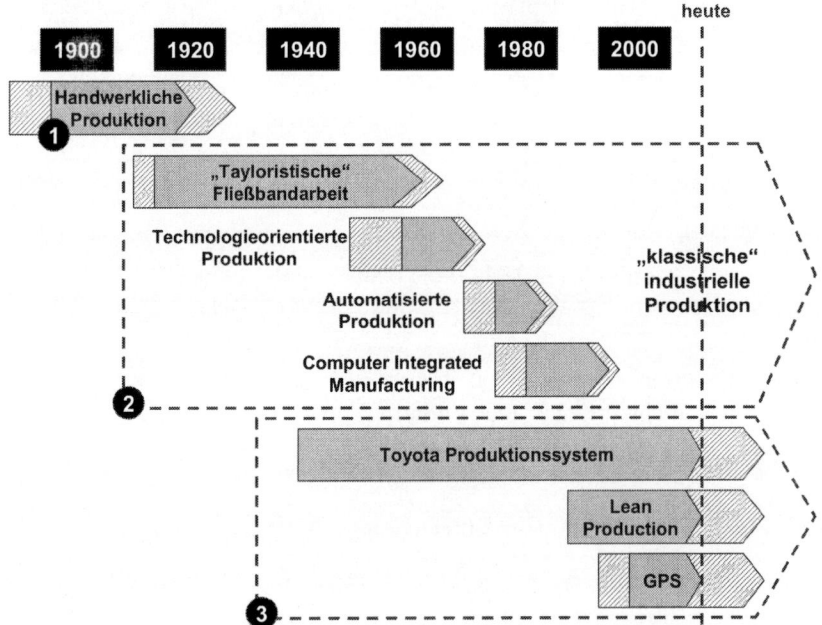

Abbildung 3.3: Entwicklung Ganzheitlicher Produktionssysteme [Domb 05a] S. 1

Weber weist jedoch auf die Grenzen der Übertragbarkeit von Produktionssystemen hin. Er kommt zu dem Schluss, dass diese im gesellschaftlichen Kontext zu sehen sind und wirft die Frage auf, inwieweit bestimmte Organisationseigenschaften des Toyota-Produktionssystems durch funktional wirkende Äquivalente ersetzt werden können. Er weist weiter darauf hin, dass das Toyota-Produktionssystem zurzeit noch als „Fertigungssystem" verstanden wird und damit keine vollständige, sich auf alle Unternehmensbereiche erstreckende Übertragung stattfindet [Webe 01] S. 13.

Die Variantenfließfertigung hat sich in der gesamten Automobilindustrie als vorherrschende Organisationsform gehalten und wird inzwischen auch auf Produkte übertragen, die in der Vergangenheit in vergleichsweise geringer Stückzahl produziert wurden, heute aber einem wachsenden Markt gegenüber stehen, wie beispielsweise Rolltreppen, Werkzeugmaschinen und Baustellenfahrzeuge [Trum 05] S. 24, [Trum 07] S.19, [Hart 01] S.1, [GBU 02] S.1.

Der Erfolg der Variantenfließfertigung macht deutlich, dass sich produzierende Unternehmen letztendlich den Anforderungen des Marktes unterordnen und somit ihre Produktionsstätten streng an ihren Produkten ausrichten müssen.

3.2 Eigenschaften und Einsatzgebiete der Variantenfließfertigung

Im Folgenden sollen in Abschnitt 3.2.1 zunächst die grundsätzlichen Zusammenhänge zwischen den einzelnen Elementen der Variantenfließfertigung beschrieben werden. Um die vorherrschende Planungsproblematik zu erklären, soll in Abschnitt 3.2.2 der Konflikt der Varianten mit der Effizienz der Fließfertigung dargestellt werden. Zur Einschränkung des Betrachtungsumfangs werden in Abschnitt 3.2.3 die Einsatzgebiete der Variantenfließfertigung umrissen.

3.2.1 Elemente der Variantenfließfertigung

Wie bereits in Abschnitt 2.1 beschrieben, besteht die Fließfertigung aus Arbeitsplätzen, die gemäß dem Fertigungsablauf angeordnet sind. Die Arbeitsplätze, die eine Zusammenfassung aus Maschinen, Personal und Werkzeug darstellen, werden auch als Stationen bezeichnet [Deck 93] S. 12. Decker weicht damit leicht von den üblichen Produktionsfaktoren ab, die neben Maschinen und Personal auch das Material mit einschließen [Lucz 96] S.12-41, [Zülc 96] S. 12-95.

Das Produkt wird in festen Zeitabständen, dem Takt, von einer Station zur nächsten bewegt. Das Wort Takt wird im allgemeinen Sprachgebrauch als Synonym für die Station verwendet. Um Verwechslungen auszuschließen, soll der Takt im Rahmen dieser Arbeit ausschließlich den Zeitabschnitt bezeichnen, den ein Produkt in einer Station verweilt.

Die Taktung kann kontinuierlich oder diskontinuierlich erfolgen. Bei der kontinuierlichen Taktung befinden sich die Produkte in einer gleichmäßigen Bewegung; bei einer diskontinuierlichen Taktung hingegen verweilen die Produkte in einer Station und werden jeweils zum Taktende zur nächsten Station bewegt. Unabhängig von der Art der Taktung befindet sich das Produkt jeweils nur über einen bestimmten Zeitraum im Bereich einer Station.

3.2.2 Das Dilemma der Varianten in der Fließfertigung

Betrachtet man die Produktionsfaktoren Maschinen, Personal und Material so zeichnet sich die reine Fließfertigung durch eine gleichmäßige Beanspruchung aller drei Faktoren aus. Sämtliche Produktionsfaktoren können somit auf den erforderlichen Kapazitätsbedarf ausgerichtet werden. Bekannte Folge ist die hohe Kapazitätsauslastung und damit hohe Produktivität der Fließfertigung.

Der Wandel zur Variantenfließfertigung stellt diesen Vorteil in Frage. In Abhängigkeit der Varianten unterliegen sämtliche Produktionsfaktoren Schwankungen im zeitlichen Verlauf, die eine Anpassung erforderlich machen. Die Komplexität wird durch Rüstvorgänge weiter erhöht. Neben den klassischen Umrüstvorgängen an Betriebsmitteln sind auch die von den Mitarbeitern geforderten mentalen Rüstvorgänge nicht zu vernachlässigen.

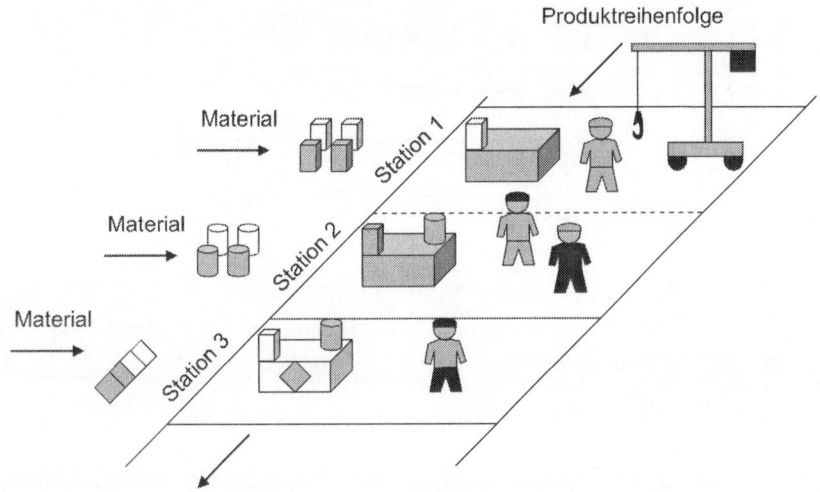

Abbildung 3.4:   Elemente der Variantenfließfertigung

Abbildung 3.4 verdeutlicht die Varianz in der Variantenfließfertigung. Die Produkte unterscheiden sich in der Art und Anzahl des eingesetzten Materials und dementsprechend auch in der Verwendung der am Band installierten Betriebsmittel. Durch die Varianten ist auch der Umfang der Arbeitsinhalte von Produkt zu Produkt nicht konstant und führt damit zu einem schwankenden Kapazitätsbedarf.

Zur Darstellung des schwankenden Kapazitätsbedarfs wird das Taktdiagramm (siehe Abbildung 3.5) verwendet, welches eine Form der Belastungsrechnung darstellt. Im Rahmen der Belastungsrechnung wird aus den geplanten Aufträgen eine Belastung je Kapazitätseinheit und Zeiteinheit ermittelt und damit ein Belastungsprofil erstellt [Wien 08] S. 322. Im Taktdiagramm werden Kapazitätsangebot und -bedarf im zeitlichen Verlauf für eine Kapazitätseinheit gegenübergestellt.

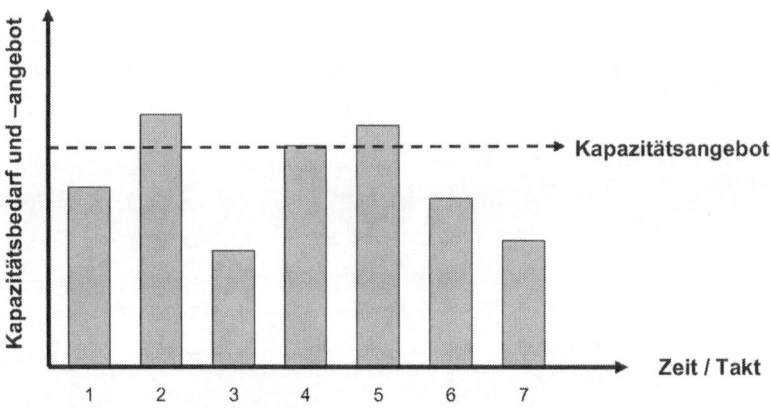

Abbildung 3.5:   Taktdiagramm

Abweichung von Kapazitätsangebot und Kapazitätsbedarf in einer Zeiteinheit stellen Verschwendung dar. So wird beispielsweise im Takt 1 das Kapazitätsangebot nicht vollständig genutzt. In Takt 2 hingegen ist zusätzliche Kapazität erforderlich, um den Kapazitätsbedarf im Zeitfenster des Taktes vollständig zu decken.

Die Aufgabe der Ermittlung des Kapazitätsbedarfs stellt sich in der Variantenfließfertigung als besonders komplex dar, wie in Abbildung 3.6 dargestellt. Die Abbildung besteht aus drei übereinander liegenden Taktdiagrammen. Die x-Achse stellt in allen drei Diagrammen die in Taktintervalle unterteilte Zeitachse dar. Die y-Achse stellt den Kapazitätsbedarf und im letzten Diagramm auch das Kapazitätsangebot dar.

Im ersten Diagramm ist auf der negativen z-Achse zusätzlich die Station aufgetragen. Im Rahmen der Gruppenarbeit liegen teilweise mehrere Stationen im Verantwortungsbereich einer Gruppe. Die Gruppe ist für die Kapazitätsbedarfsermittlung somit als eine Kapazitätseinheit zu sehen, da die Mitarbeiter der Gruppe sich frei innerhalb der zugeordneten Stationen bewegen können. In Abhängigkeit der Auftragsreihenfolge schwankt der Kapazitätsbedarf sowohl im Zeitverlauf als auch von Station zu Station. Zur Veranschaulichung ist in Abbildung 3.6 der diagonale Pfad eines Fahrzeugs durch den Verantwortungsbereich der Gruppe X im ersten Diagramm hervorgehoben.

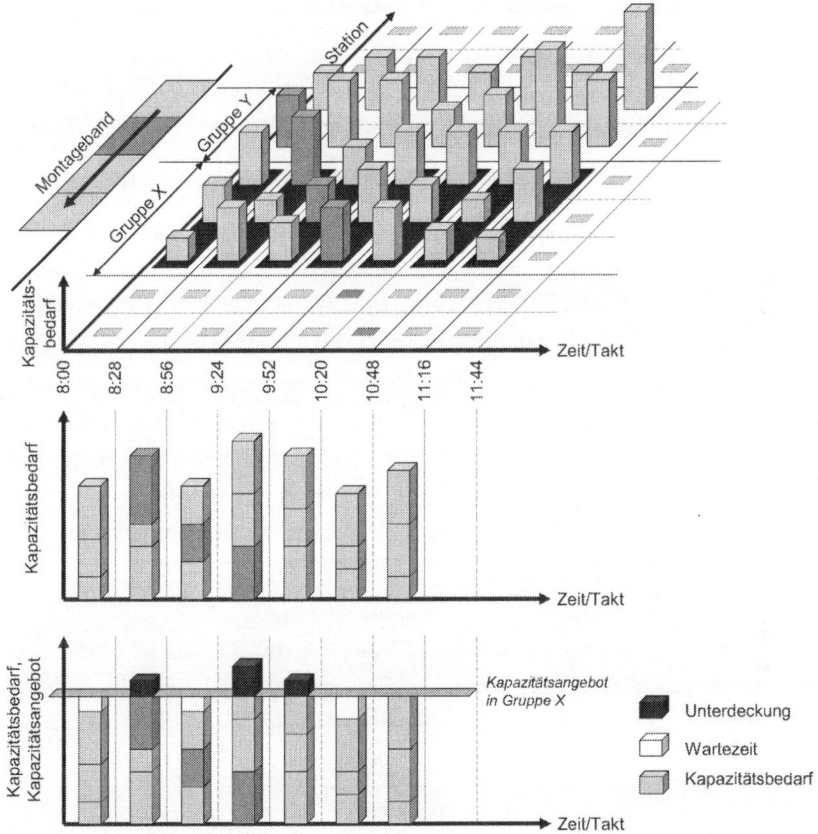

Abbildung 3.6:   Kapazitätsbedarf der Variantenfließfertigung nach [Domb 06] S. 716

Der Kapazitätsbedarf eines Taktes für eine Gruppe ergibt sich aus der Summe der Kapazitätsbedarfe in den Stationen, für die die Gruppe zuständig ist. Somit berechnet sich der Kapazitätsbedarf der Gruppe X aus der Summe der Kapazitätsbedarfe von drei Stationen. Dieser Kapazitätsbedarf ist im zweiten Diagramm dargestellt.

Im dritten Diagramm erfolgt der Vergleich des Kapazitätsbedarfs mit dem Kapazitätsangebot. Ausgehend davon, dass in dem betrachteten Zeitraum die Anzahl der Mitarbeiter in der Gruppe X konstant ist, ist damit auch das Kapazitätsangebot im betrachteten Zeitraum konstant. Ist das Kapazitätsangebot höher als der Kapazitätsbedarf ergeben sich Wartezeiten für die Gruppe. Ist der Kapazitätsbedarf höher als das Kapazitätsangebot wird dies als Unterdeckung bezeichnet.

In der Belastungsrechnung ermittelte Spitzen müssen durch ein entsprechendes Überangebot an Kapazitäten abgedeckt werden. Bereits Thomopolous verweist in diesem Zusammenhang auf die Produktivitätsverluste, die bei steigender Variantenvielfalt zu verzeichnen sind. [Thom 67] S. B-59. Ähnliche Produktivitätsverluste ergeben sich in verketteten Produktionssystemen auch in der reinen Fließfertigung, wenn Bearbeitungszeiten nicht durch produkt-bezogene Merkmale Schwankungen unterworfen sind, sondern prozessbedingte Störungen den Ablauf verzögern. [Krüg 00] S. 21/25.

Die theoretischen Nachteile können auch in der Praxis nachgewiesen werden. In einer empirischen Studie identifiziert Lingnau den mangelnden Kapazitäts-abgleich als eines der Hauptprobleme der Variantenfließfertigung. Eine Auswertung der Zufriedenheit mit dem PPS-System deutet dabei insbesondere auf Handlungsbedarf in den Bereichen Produktionsprogrammplanung und Produktionsprozessplanung hin [Ling 94] S. 198/201.

Die Arbeitsinhalte werden je nach Automatisierungsgrad der Fertigung von Mitarbeitern oder Maschinen erledigt. Insbesondere im Bereich der Montage ist trotz zunehmender Automatisierung der Personalanteil aufgrund der erforder-lichen Flexibilität auch heute noch sehr hoch [Deck 93] S. 13. Damit ist der Personalbedarf eine der bestimmenden Planungsgrößen für die Wirtschaftlich-keit in der Variantenfließfertigung.

3.2.3 Einsatzgebiete der Variantenfließfertigung

Haupteinsatzgebiete für die Variantenfließfertigung sind nach Decker die Endmontagen hochvarianter Produkte [Deck 93] S. 29. Auch Domschke sieht die Einsatzgebiete in der „Endmontage standardisierter Produkte, die aufgrund starker Kundenorientierung der Unternehmen häufig in einer Vielzahl von Varianten herzustellen sind" [Doms 95] S. 1465. In der Literatur werden diese Montagesysteme als eigenständiger Forschungsbereich behandelt, auch wenn sich die Erkenntnisse auf die gesamte Variantenfließfertigung übertragen lassen. Die Eigenschaften von Montagefließsystemen sollen somit in der vorliegenden Arbeit Berücksichtigung finden, soweit von einer Übertragbarkeit auf die Variantenfließfertigung ausgegangen werden kann.

3.3 Planungsprozesse der Variantenfließfertigung

Die Planungsprozesse der Variantenfließfertigung sollen zur Darstellung des Stands der Technik in Abschnitt 3.3.1 gemäß der vorhandenen ingenieurswissenschaftlichen und wirtschaftswissenschaftlichen Literatur eingeordnet werden. Im Anschluss soll in Abschnitt 3.3.2 das Zielsystem der Variantenfließfertigung erläutert werden, da es die Grundlage der Planung der Variantenfließfertigung darstellt.

3.3.1 Einordnung der Planungsprozesse der Variantenfließfertigung

Die Planungsprozesse der Variantenfließfertigung sind sowohl national als auch international als Forschungsgegenstand etabliert (Vgl. u.a. [Boys 06], [Schn 91], [Reki 06]). Die verwendeten Begrifflichkeiten sind jedoch nicht immer einheitlich. Daher sollen die aus Sicht des Autors relevanten Ansätze gemäß ihrer Fristigkeit eingeordnet werden. Die Ansätze von Domschke, Scholl und Voß, Wiendahl, Boysen und Decker sind in Abbildung 3.7 dargestellt.

Domschke, Scholl und Voß unterscheiden in ihrem allgemeinen Lehrwerk „Produktionsplanung" zwischen der Produktionsprogrammplanung, der Bereitstellungsplanung und der Produktionsprozessplanung. Die Produktionsprogrammplanung umfasst die langfristige Entscheidung bezüglich der grundsätzlich herzustellenden Produkte (potentielle Produktionsprogrammplanung) sowie die kurzfristige Entscheidung hinsichtlich des aktuellen Produktionsprogramms (aktuelle Produktionsprogrammplanung).

Die Bereitstellungsplanung befasst sich mit der Bereitstellung der notwendigen Produktionsfaktoren. In diesem Zusammenhang nennen Domschke, Scholl und Voß Entscheidungen im mittelfristigen Bereich hinsichtlich Layout, Personal und Finanzmittel [Doms 07] S. 11. In engem Zusammenhang mit der Layoutplanung steht für den betrachteten Fall der Fließfertigung die Fließbandabstimmung. Die operative Bereitstellung von Personal im Rahmen der Personaleinsatzplanung, u. a. der Einsatz von Springern, „Mitarbeiter, die innerhalb eines überschaubaren Teilbereiches mehrere Arbeitsplätze ausfüllen können" [Wien 08] S. 43, ist im kurzfristigen Planungshorizont zu sehen.

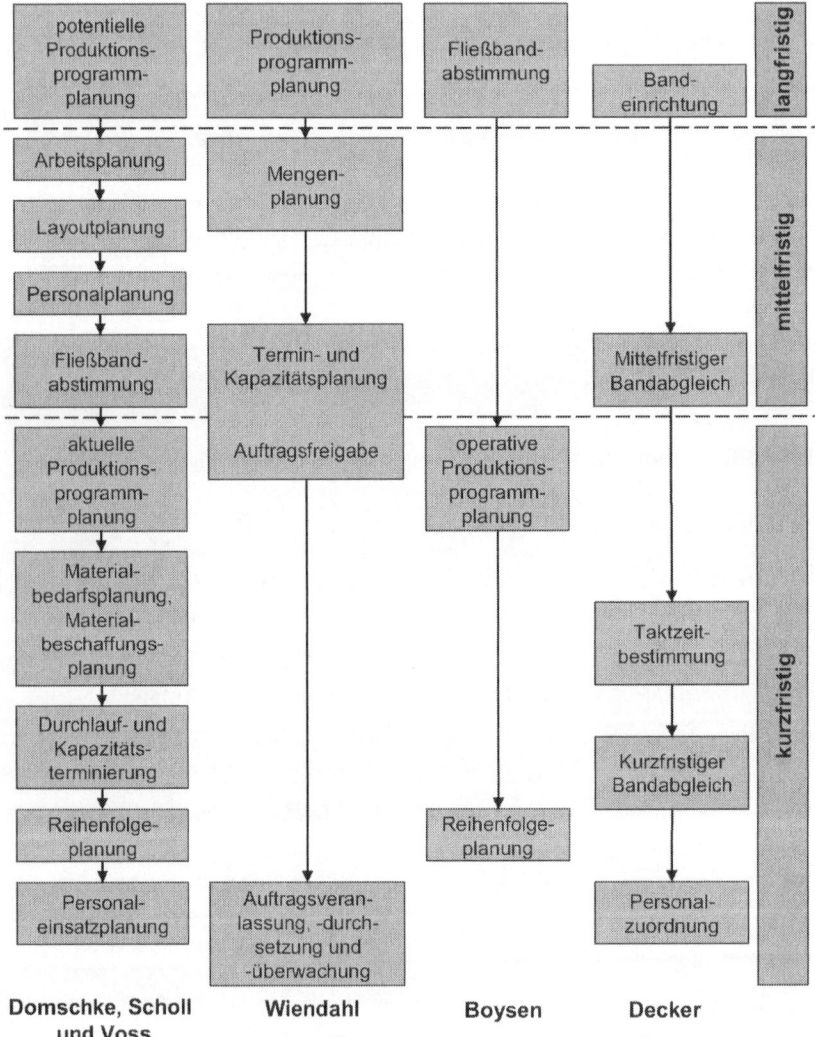

Abbildung 3.7:   Hierarchische Einordnung der Planungsprozesse

Mit der Produktionsprozessplanung ist die Planung und Steuerung der eigentlichen Produktionsdurchführung in Abhängigkeit des aktuellen Produktionsprogramms gemeint. In diesem Zusammenhang nennen Domschke,

Scholl und Voß die kurzfristige Materialbedarfsermittlung und Materialbeschaffungsplanung, die Durchlauf- und Kapazitätsterminierung und die Reihenfolgeplanung.

Wiendahl beschreibt in seiner allgemeinen Struktur der Produktionsplanung und -steuerung ähnliche Phasen, ordnet die Mengen-, Termin- und Kapazitätsplanung jedoch dem mittelfristigen Bereich zu [Wien 96c] S. 14-6.

Boysen beschäftigt sich in seiner Schrift „Variantenfließfertigung" insbesondere mit den Planungsproblemen der Fließbandabstimmung, der operativen Produktionsprogrammplanung und der Reihenfolgeplanung. In der Planungshierarchie ordnet Boysen die Prozesse in der gezeigten Reihenfolge an [Boys 05] S. 50. Dabei unterscheidet er in der Fristigkeit lediglich zwischen langfristig und kurzfristig.

Decker beschäftigt sich neben dem Bandabgleich ausführlich mit den kurzfristigen Kapazitätsglättungsmaßnahmen der Variantenfließfertigung, wie beispielsweise dem Springereinsatz, der Pufferplanung und der Reihenfolgeplanung [Deck 93] S. 15. Dabei differenziert sie aufgrund der Verfügbarkeit der Auftragsdaten zwischen einem mittelfristigen und einem kurzfristigen Bandabgleich. Die langfristigen Planungsaufgaben der Layoutplanung fasst Decker unter dem Begriff der Bandeinrichtung zusammen.

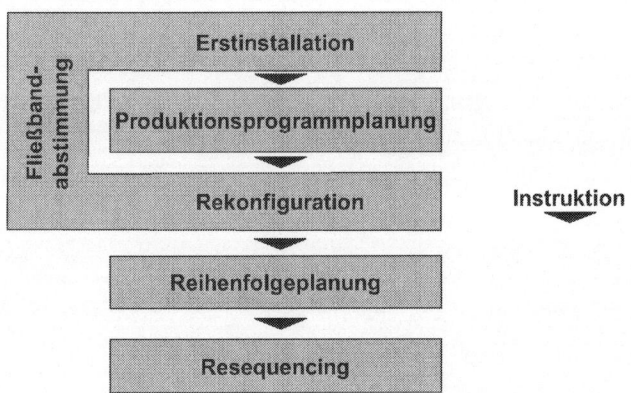

Abbildung 3.8: Planungshierarchie bei Variantenfließfertigung [Boys 06] S. 3

Einen entscheidenden Beitrag zum Verständnis der Planungshierarchie der Variantenfließfertigung liefern Bock und Boysen [Bock 00] S.16/20, [Boys 06]. Die differenzierte Beschreibung der Fließbandabstimmung während der

Erstinstallation und im Rahmen der Rekonfiguration durch Boysen kann als Indiz für den zunehmend kontinuierlichen Einfluss der Fabrikplanung verstanden werden (Vgl. Abbildung 3.8). Sämtliche Probleme der Personalplanung werden jedoch explizit ausgeklammert [Boys 06] S. 25.

Trotz unterschiedlicher Einordnungen der Planungsprozesse in ihrer Fristigkeit herrscht grundsätzliche Einigkeit bezüglich der Relation der einzelnen Planungsprozesse. Die in Abbildung 3.7 gezeigte Einordnung der genannten Planungsprozesse verdeutlicht, dass die Fristigkeiten einzelner Planungsprozesse je nach Einschätzung des Autors variieren können. Die Ausprägung hängt dabei auch von dem betrachteten Unternehmen ab. Weiterhin ist zu berücksichtigen, dass es Bestrebungen gibt, Planungsprozesse in Ihrem Rang anzupassen. So schlägt beispielsweise Freye vor, den Einfluss der Reihenfolgeplanung auf strategische und taktische Entscheidungen zu erweitern [Frey 97] S. 193. Der Konflikt hinsichtlich der Stellung, die die Reihenfolgeplanung gegenüber dem kurzfristigen Kapazitätsabgleich einnehmen soll, wird auch von Schneeweiß ausführlich beschrieben [Schn 91].

Zusammenfassend kann gesagt werden, dass die Planungsprozesse der Variantenfließfertigung in der Literatur ausführlich beschrieben werden. Die Besonderheiten der Variantenfließfertigung finden insbesondere in der betriebswissenschaftlichen Literatur Beachtung. Der Planungsprozess der Bandeinrichtung wird interessanterweise von Boysen und Decker in die Formulierung und Lösung des Planungsproblems einbezogen, und unterstützt damit den Ansatz diese im bisherigen Verständnis fabrikplanerische Planungsaufgabe in einen kontinuierlichen Planungsprozess zu überführen.

3.3.2 Zielsystem der Variantenfließfertigung

Die Variantenfließfertigung ist in den Produktionsprozess eingebettet und unterliegt somit den Zielen des Unternehmens. Diese lassen sich in generelle, strategische, operative Ziele und Handlungsziele unterteilen [Blei 96] S. 2-5.

Die Zielverfolgung erfolgt durch die entsprechenden Managementebenen. So werden beispielsweise die generellen Ziele eines Unternehmens durch das strategische Management in strategische Ziele transformiert. Diese werden durch die strategischen Erfolgsfaktoren Kosten, Qualität und Zeit operationalisiert [Keup 01] S. 2. Mit dem Vormarsch prozessorientierter

Unternehmensstrukturen erfolgt auch diese Operationalisierung der Ziele zunehmend prozessorientiert [Bull 97] S. 70/71.

In den 70er und 80er Jahren hat hinsichtlich der generellen Ziele des strategischen Management ein Wandel von reinen Effizienzzielen der Massenfertigung hin zur simultanen Verfolgung von Effektivitäts- und Effizienzzielen stattgefunden [Keup 01] S. 2/3. Demnach geht es nicht nur darum die Dinge richtig zu tun, sondern zudem die richtigen Dinge zu tun.

Hinsichtlich der Effizienzziele haben sich als anerkanntes Zielsystem der Produktionsplanung und -steuerung die von Wiendahl genannten Kenngrößen Durchlaufzeit, Bestände, Termintreue und Auslastung durchgesetzt. Dabei unterscheidet Wiendahl, wie in Abbildung 3.9 dargestellt, zwischen betriebsbezogenen und marktbezogenen Zielen [Wien 96a] S. 14-2. Während das Interesse der Kunden auf kurzen Durchlaufzeiten und einer hohen Termintreue liegt, sind Unternehmen bestrebt, die Auslastung ihrer Ressourcen zu steigern und die Bestände – und damit auch die Kapitalkosten – gering zu halten.

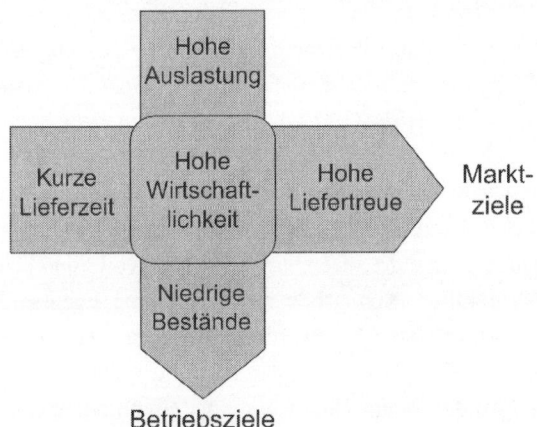

Abbildung 3.9:   *Zielsystem der Produktionsplanung und -steuerung [Wien 96a] S. 14-2*

Da bei Variantenfließfertigung Lieferzeiten und Liefertreue durch konstante und planbare Durchlaufzeiten weitestgehend sichergestellt sind [Doms 97] S. 262, kommt in diesem Fall der Steigerung der Auslastung und der Kontrolle der Materialbestände eine besondere Rolle zu [Garl 96] S. 45.

Diese verbleibenden Freiheitsgrade sind insbesondere in den heute vorherr-
schenden Zielsetzungen der Reihenfolgeplanung wieder zu finden, die sich in
den folgenden zwei konkurrierenden Ansätzen widerspiegeln.

Nivellierung: Dieser Ansatz sieht als Ziel die Glättung der Material-
bewegungen. Diese Glättung ist ein wesentliches Element des Toyota
Produktionssystems: Spitzen im Materialabrufverhalten würden zu einer
deutlich höheren Dimensionierung der erforderlichen Puffer führen und damit
die Wirtschaftlichkeit und Reaktionsfähigkeit des Produktionssystems
reduzieren [Ohno 88] S. 36/37.

Line-Balancing: Weitere mögliche Zielsetzung der Reihenfolgeplanung ist die
Glättung des Personalbedarfs. In diesem Fall steht die gleichmäßige Auslastung
des Personals und damit die Maximierung des Bandwirkungsgrads im
Vordergrund (Vgl. Abschnitt 3.4.2). Der Bandwirkungsgrad ist dabei als der
Quotient von benötigter Kapazität (Summe der Arbeitsinhalte) und
bereitgestellter Kapazität (Anzahl Takte x Taktzeit) definiert und entspricht der
Kapazitätsauslastung.

Boysen et. al. liefern eine ausführliche Übersicht der relevanten Literatur zu den
vorgestellten Zielsetzungen und den damit verbundenen Lösungsalgorithmen
(Vgl. [Boys 06] S. 15/16). Boysen kommt jedoch zu dem Schluss, dass sich
beide beschriebenen Zielsetzungen analog betrachten lassen, da allen Ansätzen
gemein ist, „dass sie einen idealen zeitlichen Verlauf [...] einer gewählten
Kenngröße [...] definieren, die bei einer vollkommen gleichmäßigen Auslastung
des Fließsystems entstünde. Der tatsächliche, von der Fertigungsfolge
hervorgerufene Verlauf der Kenngröße soll sich bestmöglich diesem Zielverlauf
anpassen" [Boys 06b] S. 2/3. Die Ausführungen dieser Arbeit gehen von einer
Glättung des Personalbedarfs aus, lassen sich aber gemäß den Ausführungen
von Boysen auch auf den japanischen Ansatz der Nivellierung übertragen.

Neben den Zielen der Produktionsplanung unterliegt die Planung der
Variantenfließfertigung auch den Zielen der Fabrikplanung. Der Vergleich
beider Zielsysteme erfolgt in Abschnitt 5.3. An dieser Stelle sollen jedoch die
vier neuen Ziele der Fabrikplanung gemäß Tiedemann erläutert werden [Tied
05] S. 24/25:

Ständige Planungsfähigkeit: Die Fabrikplanung wird zunehmend zu einem
kontinuierlichen Prozess, der jederzeit angestoßen werden kann.

Höhere Planungsgeschwindigkeit: Aufgrund der erforderlichen Reaktionsfähigkeit der Unternehmen muss der Fabrikplanungsprozess nicht nur jederzeit, sondern zudem mit erhöhter Geschwindigkeit erfolgen, um notwendige Anpassungen schnell ableiten zu können. Dieses Ziel ist insbesondere für die Variantenfließfertigung von Relevanz, weist doch Scholl auf die geringe Flexibilität der Variantenfließfertigung als einer ihrer Nachteile explizit hin [Scho 99] S. 2. Diese geringe Flexibilität muss durch schnelle Planungsprozesse kompensiert werden.

Bewältigung des höheren Planungsaufwands: Aus den von Tiedemann erläuterten Trends der Zunahme des Planungsumfangs und der Zunahme der Komplexität der Planungsaufgabe resultiert ein erhöhter Planungsaufwand, den es zu bewältigen gilt.

Höhere Planungssicherheit: Die Qualität der Planungsergebnisse bestimmt maßgeblich die Wirksamkeit der anderen drei Planungsziele. Bei unzuverlässigen Planungsergebnissen besteht die Gefahr, Probleme in die Umsetzungsphase zu verlagern.

Zusammenfassend werden im Rahmen der Variantenfließfertigung im Planungsprozess die ständige Planungsfähigkeit, die hohe Planungsgeschwindigkeit, die Bewältigung des höheren Planungsaufwands und eine höhere Planungssicherheit verfolgt. Im Ergebnis soll die Nivellierung des Materialabrufs und/oder die Maximierung der Kapazitätsauslastung erreicht werden.

3.4 Planungsmethoden und -werkzeuge der Variantenfließfertigung

In diesem Abschnitt sollen die Methoden und Werkzeuge, die in den genannten Planungsprozessen zum Einsatz kommen, beschrieben werden. Die Strukturierung der beschriebenen Inhalte erfolgt anhand der Fristigkeit der unterstützten Planungsprozesse. Der Schwerpunkt soll dabei auf den Methoden liegen, die im Rahmen der mittel- und kurzfristigen Planung eingesetzt werden, da diese eine bedeutende Rolle für das Verständnis der weiteren Ausführungen spielen.

3.4.1 Methoden im Rahmen langfristiger Planungsprozesse

Wie bereits beschrieben, ist die Notwendigkeit einer stärkeren Differenzierung am Markt einer der Gründe für die steigende Variantenvielfalt. Um dieser Entwicklung entgegenzuwirken, wurden Methoden entwickelt, die eine hohe externe Variantenvielfalt bei gleichzeitiger Reduktion der internen Variantenvielfalt ermöglichen.

Eine Berücksichtigung der mit der Variantenfließfertigung zusammenhängenden Produktionsplanungsprobleme in der Produktgestaltung findet bisher nur begrenzt statt. Aspekte der Prozessplanung werden dagegen schon seit einiger Zeit u.a. im Rahmen der montage- und demontagegerechten Konstruktion betrachtet (Vgl. u.a. [Schu 99] S. 7-40, [Bart 87] S. 5/8). Dabei werden folgende Zielsetzungen verfolgt:

- Standardisieren von Bauteilschnittstellen

- Auswirkungen von Produktvarianten auf wenige Baugruppen begrenzen

- Bilden von auftrags- und kundenunabhängigen Vormontagebaugruppen

Insbesondere der letzte Punkt zielt darauf ab, den Variantenbildungspunkt möglichst nah an den Auslieferungszeitpunkt des Produktes zu legen, um so die Auswirkungen der Varianz auf den Bereich der Endmontage zu beschränken. In den Vormontagen können so gleiche Varianten in Losen zusammengefasst werden. Dieser Sachverhalt ist in Abbildung 3.10 schematisch skizziert.

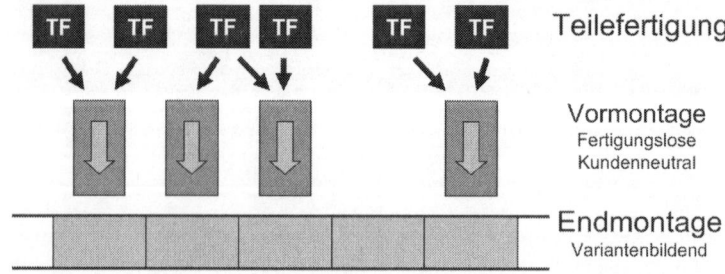

Abbildung 3.10: Variantenbildungspunkt

Auch Wiendahl erläutert in seinem Konzept der „flexiblen Produktionsendstufe" die Vorteile, die eine späte Variantenbildung mit sich bringt [Wien 04] S.12:

- Geringerer Steuerungsaufwand

- Möglichkeit zur Fertigung in größeren Losen

• Verbesserung von Lieferzeit, Lieferqualität und Liefertreue

• Geringe Fertigproduktbestände

Die weiteren wichtigen Methoden zur Reduzierung der Komplexität von Produkten sind in Abbildung 3.11 zusammengefasst.

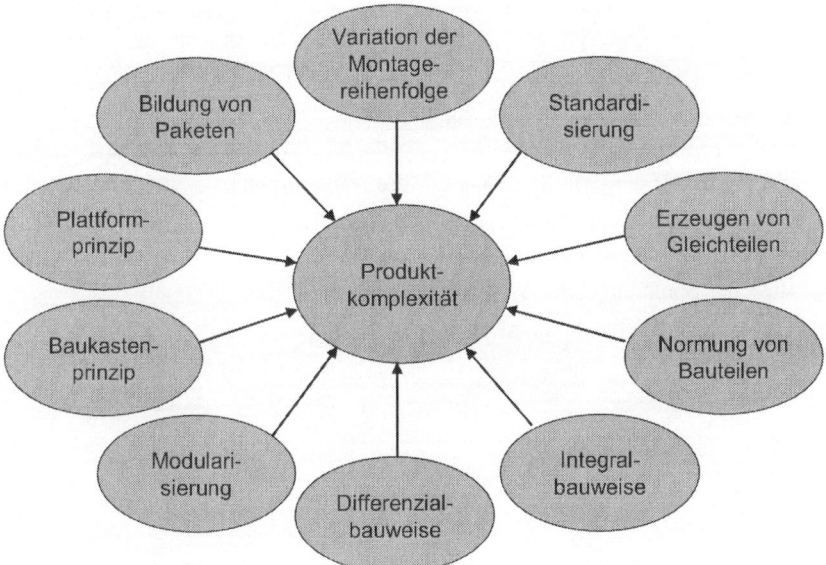

Abbildung 3.11: Maßnahmen zur Reduzierung der Produktkomplexität
[Wien 04] S. 46

Die von Wiendahl beschriebenen Maßnahmen sind nur in Ausnahmefällen unabhängig voneinander umzusetzen, bestehen doch enge Zusammenhänge und Wechselwirkungen. Als Beispiel hierfür kann die Modularisierung herangezogen werden. Unter Modularisierung wird eine 1:1 Zuordnung von Produktfunktion und Produktkomponente gesehen, im Gegensatz zur Integration, die in einer mehrfachen Zuordnung von Produktfunktionen zu Produktkomponenten oder von Produktkomponenten zu Produktfunktionen besteht [Burr 04] S. 449. Diese 1:1 Zuordnung bedingt eine gewisse Standardisierung und Normung von Schnittstellen.

3.4.2 Methoden im Rahmen mittelfristiger Planungsprozesse

Die Methoden der mittelfristigen Planung dienen dem Ziel, Entscheidungen hinsichtlich der Konfiguration der Variantenfließfertigung zu treffen. Ausgehend vom vorgegebenen Produktprogramm gehört, neben der Dimensionierung des Bandes hinsichtlich der Anzahl der Stationen und der vorzuhaltenden Kapazitäten, insbesondere die Zuordnung der einzelnen Tätigkeiten zu den Stationen des Bandes – die Fließbandabstimmung – dazu [Boys 05] S. 53. Diese steht in enger Wechselwirkung mit der Planung der Materialbereitstellung am Band. Die grundsätzlichen Zusammenhänge sind in Abbildung 3.12 dargestellt. Während die Produktplanung den Aufbau des Produktes aus Baugruppen und Bauteilen festlegt, entscheidet die Fabrikplanung über die Anzahl und Anordnung der Stationen. Aufgabe der Produktionsplanung in diesem Spannungsfeld ist es, die an den Bauteilen auszuführenden Tätigkeiten den Stationen zuzuordnen.

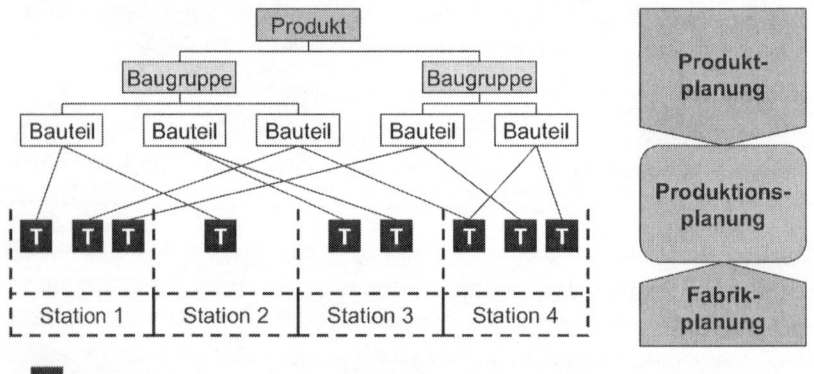

Abbildung 3.12: Zusammenhang zwischen Produktstruktur und Fließfertigung

Die Besonderheit der Fließfertigung gegenüber flexiblen Fertigungsein-richtungen ist die Taktgebundenheit, die die hohe Bedeutung der Fließband-abstimmung bedingt [Deck 93] S. 28. Der Prozess der Fließbandabstimmung lässt sich auf ein reines Zuordnungsproblem reduzieren: Welche Tätigkeit wird an welcher Station durch welchen Mitarbeiter erbracht? Dieses im Grunde genommen mathematische Problem ist ein klassischer Anwendungsfall für die mathematischen Verfahren der Operations Research. Die notwendigen Eingangsdaten sollen am Beispiel des Simple Assembly Line Balancing Problem (SALBP) vorgestellt werden.

Das mathematische Verfahren SALBP geht von einem einzigen Produkt aus, das auf dem Band gefertigt werden soll. Gemäß Bock wird bei allen SALBP-Modellen von folgenden Grundannahmen ausgegangen [Bock 00] S. 67:

- Die Herstellung des Produktes ist durch eine definierte Anzahl nicht weiter teilbarer Arbeitsvorgänge beschrieben.

- Jeder der Arbeitsgänge besitzt eine fest vorgegebene Bearbeitungszeit.

- Die Reihenfolge der Arbeitsvorgänge ist durch einen gerichteten Vorranggraphen festgelegt.

- Die Zeit zwischen dem Auflegen zweier Produkte ist konstant und entspricht der Taktzeit.

- Allen Stationen steht als maximale Kapazität für die Arbeitsinhalte nur die Taktzeit zur Verfügung.

- Abgesehen von der Einhaltung der Vorrangbeziehungen und der maximalen Kapazität existieren keinerlei Restriktionen hinsichtlich der Zuordnung von Arbeitsgängen zu Stationen.

- Es gibt keine Möglichkeit, ein Produkt während der Produktion vom Band zu nehmen oder zwischenzupuffern.

Unter einem gerichteten Vorranggraphen ist die Beschreibung der notwendigen Reihenfolge der Arbeitsvorgänge zu verstehen. Abbildung 3.13 zeigt ein Beispiel. Die einzelnen Arbeitsvorgänge sind in der Tabelle mit ihren jeweiligen Vorgängern und Bearbeitungszeiten beschrieben. Aus der Tabelle lässt sich der daneben gezeigte Graph ableiten, der von links nach rechts die Bearbeitungsreihenfolge darstellt.

Neben der grundsätzlichen Beschreibung möglicher Kombinationen von Vorranggraph, Taktzeit und Stationenanzahl – auch Erfüllbarkeitsproblem SALBP-F genannt – wird zwischen drei mathematischen Optimierungsvarianten des SALBP unterschieden. SALPB-1 sucht nach der minimalen Anzahl von Stationen bei vorgegebener Taktzeit und vorgegebenem Vorranggraphen. SALBP-2 sucht nach der minimalen Taktzeit bei vorgegebener Anzahl von Stationen und vorgegebenem Vorranggraphen. SALBP-E optimiert hingegen das Produkt von Taktzeit und Stationen. Dies entspricht der in Abschnitt 3.3.2 beschriebenen Maximierung des Bandwirkungsgrades.

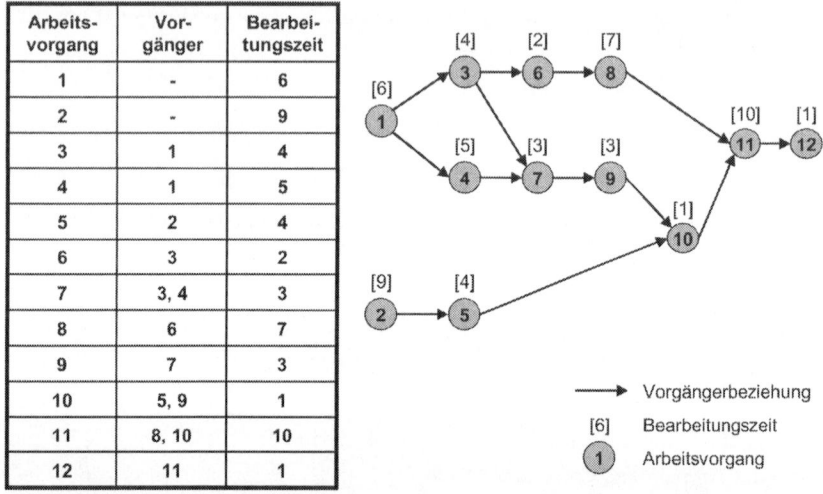

Arbeits-vorgang	Vor-gänger	Bearbei-tungszeit
1	-	6
2	-	9
3	1	4
4	1	5
5	2	4
6	3	2
7	3, 4	3
8	6	7
9	7	3
10	5, 9	1
11	8, 10	10
12	11	1

Abbildung 3.13: Beispiel für einen gerichteten Vorranggraphen [nach Doms 97] S. 181

Die Entwicklung der mathematischen Modelle spiegelt die Entwicklung der Variantenfließfertigung wieder. Nach der Formulierung des SALBP in den frühen 50er Jahren [Salv 55] S. 18/19 erscheinen bereits in den 60er Jahren Modelle für Multi-Model Assembly Lines. Damit ist die losweise Fertigung mehrerer Produkte auf einem Band gemeint. Erstmals spielt in diesem Kontext auch die Reihenfolge, in der die Produkte auf dem Band gefertigt werden, eine Rolle [Thom 67] S. B-59. Noch im gleichen Jahrzehnt wird auch der Fall gemischter Produktionslinien mit Losgrößen nahe eins, so genannter Mixed-model Lines beschrieben. Die Reihenfolgeplanung, im englischsprachigen Raum Sequencing, gewinnt weiter an Bedeutung bei der kurzfristigen Maximierung des Bandwirkungsgrades in Abhängigkeit der Produktreihenfolge.

Über die grundlegenden Modelle hinaus existiert eine Vielzahl von verfeinerten Modellen und Verfahren, beginnend bei Mehrproduktverfahren, die mit einem repräsentativen Durchschnittsprodukt und/oder Mischgraphen arbeiten bis hin zu Verfahren, die das Abdriften der Werker durch unterschiedliche Bearbeitungszeiten mit Hilfe der Warteschlangentheorie betrachten (vgl. u.a. [Sawy 70] S. 9/15, [Heiz 81] S. 125, [Weiß 00] S. 40/48, [Boys 06] S.6). Neuere Werkzeuge betrachten zudem Kostenaspekte [Amen 97] S. 124. oder Unschärfen beispielsweise durch unscharfe Petri-Netze [Hack 97] S. 57/77.

Neben verschiedenen Modellen und Verfahren, ist auch der Umfang der betrachteten Rahmenbedingungen von Bedeutung. So kann unter Berücksichtung von Kapazitätsrestriktionen, der Arbeitsreihenfolge und der Anzahl der Stationen die Zuordnung der Arbeitsvorgänge von weiteren Faktoren abhängen [Doms 97] S. 186:

1. Betriebsmittelrestriktionen: Die Durchführung gewisser Arbeitsvorgänge ist von gewissen Betriebsmitteln abhängig. Diese stehen u.a. aus Kostengründen oder Platzrestriktionen nicht an jeder Station zur Verfügung.

2. Positionsrestriktionen: Die Ausrichtung insbesondere großer Werkstücke gegenüber den Produktiveinheiten kann eine Einschränkung der Arbeiten darstellen. So ist beispielsweise im Lastkraftwagenbau der Einbau der Achsen vorzugsweise bei kopfüber liegenden Rahmen durchzuführen.

3. Arbeitsgangrestriktionen: Einige Arbeitsvorgänge erfordern einen gewissen zeitlichen oder räumlichen Mindest- oder Maximalabstand.

4. Qualifikationsrestriktionen: Nicht jeder Arbeitnehmer kann jede Tätigkeit durchführen. Oft spielen dabei neben der reinen Qualifikation auch Kostenaspekte eine Rolle.

Insbesondere die Vielzahl der zu berücksichtigenden Restriktionen stellt bei komplexen Produkten eine Herausforderung dar. Diese soll in Abschnitt 4.2 aufgegriffen und einer Lösung zugeführt werden.

3.4.3 Methoden im Rahmen kurzfristiger Planungsprozesse

Die operative Planung der Variantenfließfertigung umfasst Methoden, die auf einen kurzfristigen Abgleich der erforderlichen Kapazität mit der verfügbaren Kapazität abzielen. Während die erforderliche Kapazität über die Produktreihenfolge beeinflusst werden kann, lässt sich die verfügbare Kapazität über den Einsatz des Personals, so z.B. mit Hilfe von flexiblem Personaleinsatz in Form von Springern steuern. Aufgabe der Reihenfolgeplanung ist in diesem Kontext die möglichst gleichmäßige Auslastung der einzelnen Stationen.

Weitere Zielsetzung für die Reihenfolgeplanung kann die Minimierung von Kosten- oder Materialflussgrößen sein. Insbesondere bei hoher Variantenanzahl und bedarfsgesteuerter Materialbereitstellung können starke Unregelmäßigkeiten im Materialfluss auftreten. So hat beispielsweise Drexl einen

Algorithmus entwickelt, der Kapazitäten und Materialflüsse simultan berücksichtigt [Drex 01] S. 107.

Während in der Fachliteratur hauptsächlich Modelle beschrieben werden, die von gegebenen Bearbeitungszeiten als Datengrundlage ausgehen [Boys 05] S. 4, [Thom 67] S. B-60, sind in der Praxis oft regelbasierte Systeme vorzufinden [Flex 07]. Die zu optimierende Zielfunktion ist bei solchen Systemen die Anzahl von Regelverstößen innerhalb einer gebildeten Sequenz. Die Regeln beschreiben dabei Idealzustände in Abhängigkeit von gewissen Produktparametern. So wäre eine mögliche Regel im Fahrzeugbau, keine zwei Fahrzeuge mit einer arbeitsaufwendigen Ausstattung unmittelbar hintereinander zuzulassen. Über die Vergabe von Strafpunkten je Regelverstoß, lassen sich Regeln priorisieren. Die Lösungsverfahren für die Optimierung können exakt oder heuristisch sein. Insbesondere bei hohem Datenaufkommen sind heuristische Verfahren auf Grund ihrer Schnelligkeit vorzuziehen.

Zu bemerken ist, dass die Güte der Reihenfolge bei zunehmender Stationenanzahl abnimmt, da die Anzahl der Regeln bzw. die Anzahl der zu optimierenden Kapazitätsverläufe proportional mit der Anzahl der Stationen ansteigt. Die Anzahl der Regelverstöße steigt damit tendenziell an.

Im engen Zusammenhang mit der Reihenfolgeplanung sind die Instrumente zu sehen, die das Kapazitätsangebot regeln. Dazu zählen im weiteren Sinne die Instrumente der Personaleinsatzplanung. Um Schwankungen oder Überlastungen abzufangen empfiehlt sich insbesondere der Einsatz von Springern.

Decker weist darauf hin, dass die Reihenfolge der Anwendung der beiden Instrumente – Reihenfolgebildung und Personaleinsatz – frei gewählt werden kann. Bezogen auf den Springereinsatz führt ein Beginnen mit der Reihenfolgebildung zu einem stationsorientierten Springereinsatz. Erfolgt die Reihenfolgeplanung als letzter Schritt, ist der Springereinsatz auftragsorientiert [Deck 93] S. 24/27.

3.5 Fazit der Grundlagen

Die Erkenntnisse der Kapitel 3 lassen sich mit Bezug auf diese Arbeit wie folgt zusammenfassen.

Tabelle 3.2: Fazit der Grundlagen

Entwicklung und Stand der Variantenfließfertigung	• Die Variantenfließfertigung hat sich aufgrund der Markterfordernisse aus der Fließfertigung entwickelt. • Aus der geschichtlichen Entwicklung wird deutlich, dass die starke Arbeitsteiligkeit der (Varianten-)fließfertigung neben Produktivitätsgewinnen weitere Vor- aber auch Nachteile mit sich bringt. • Die Weiterentwicklung der Fließfertigung erfolgt in der westlichen und östlichen industriellen Welt zunächst mit unterschiedlichen Ansätzen; die organisatorische Innovation wird heute in westlichen Unternehmen durch die Implementierung von Ganzheitlichen Produktionssystemen (GPS) getrieben.
Eigenschaften und Einsatzgebiete der Variantenfließfertigung	• Die Variantenfließfertigung unterscheidet sich in ihren Produktionsfaktoren (Material, Personal, Betriebsmittel) nicht von der Fließfertigung. • Die Beanspruchung der Produktionsfaktoren erfolgt jedoch im Gegensatz zur Fließfertigung nicht kontinuierlich. • Erforderliche Reserven, um Spitzen abzufangen, reduzieren die Effizienz der Variantenfließfertigung und sind als Verschwendung im Prozess zu werten.
Planungsprozesse der Variantenfließfertigung	• Im Rahmen der Variantenfließfertigung ist es notwendig die allgemeinen Planungsprozesse der PPS an die Komplexität der Planungsaufgabe anzupassen. • Die allgemeinen Ziele der PPS lassen sich für die Variantenfließfertigung auf die beiden Zielsetzungen „Hohe Auslastung" und „Niedrige Bestände" reduzieren; beide Zielsetzungen werden im Rahmen des Operations Research aufgegriffen.

Planungsmethoden und Werkzeuge der Variantenfließfertigung	• Durch geeignete Maßnahmen zur Reduzierung der internen Variantenvielfalt bei einer vorgegebenen externen Variantenvielfalt kann im Rahmen langfristiger Planungsprozesse zur Reduzierung der Planungskomplexität beigetragen werden. • Die Fließbandabstimmung stellt den wesentlichen Planungsprozess dar, mit dem die spätere Leistung und Flexibilität der Variantenfließfertigung maßgeblich beeinflusst werden kann. • Vorhandene Algorithmen setzen die vollständige variantenabhängige Beschreibung von Restriktionen voraus. • Im Rahmen kurzfristiger Planungsprozesse kann lediglich innerhalb vorgegebener Flexibilitätsgrenzen auf Schwankungen reagiert werden.

Diese Erkenntnisse sollen als Grundlage dienen, um im folgenden Kapitel den Handlungsbedarf zu ermitteln.

4 Ableitung des Handlungsbedarfs

In Kapitel 3 wurden die Grundlagen der Variantenfließfertigung vorgestellt und die einzelnen Planungsinstrumente beschrieben. Aufbauend darauf soll nun der notwendige Handlungsbedarf im beschriebenen Umfeld genannt und erläutert werden.

Dazu sollen folgende Thesen als Anforderungen aufgegriffen werden, denen sich Unternehmen mit Variantenfließfertigung im heutigen Spannungsfeld des Marktes stellen müssen:

1. **Erhöhung der Planungsgeschwindigkeit:** Unternehmen mit Variantenfließfertigung, die vom ansteigenden Wettbewerb und kurzlebigen Produkten betroffen sind, müssen ihre Planungsgeschwindigkeit durch geeignete Maßnahmen deutlich erhöhen.

2. **Planungsfähigkeit bei hoher Planungskomplexität:** Auf Grund der hohen Variantenvielfalt heutiger Produkte kommen die vorgestellten mathematischen Lösungsverfahren für die Fließbandabstimmung nicht in jedem Fall zum Einsatz. Hier sind Alternativen erforderlich.

Beide Thesen sollen in den Abschnitten 4.1 beziehungsweise 4.2 aufgegriffen und belegt werden, mit dem Ziel den Handlungsbedarf verständlich darzulegen.

4.1 Erhöhung der Planungsgeschwindigkeit

Die Variantenfließfertigung zeichnet sich durch ihre geringe Flexibilität gegenüber Veränderungen aus (vgl. Abschnitt 3.2). Änderungen der Zusammenstellung des Produktionsprogramms, Änderungen der Produktionsprozesse oder Änderungen der Ausbringungsmenge führen auf Grund vielfacher Interdependenzen zu langwierigen Planungsprozessen mit dem Ziel, eine möglichst gleichmäßige Kapazitätsbeanspruchung in den Stationen zu erreichen. Dadurch sollen Produktivitätsverluste durch ungenutzte Überkapazitäten vermieden werden. Die zunehmende Veränderungsgeschwindigkeit erfordert seitens der Unternehmen eine deutliche Beschleunigung dieser Planungsprozesse.

In Summe ist zu bemerken, dass die Fristigkeiten einzelner Planungsprozesse unter dem Druck kürzerer Produktlebenszyklen angepasst werden müssen.

Abbildung 4.1 zeigt in vereinfachter Form die Verschiebung der Fristigkeiten in der Produktplanung, der Fabrikplanung und der Produktionsplanung. Die dargestellte Parallelisierung von Produktplanung und Fabrikplanung einerseits sowie Produktionsplanung und Fabrikplanung andererseits spiegelt die aktuelle Entwicklung in der Industrie wieder.

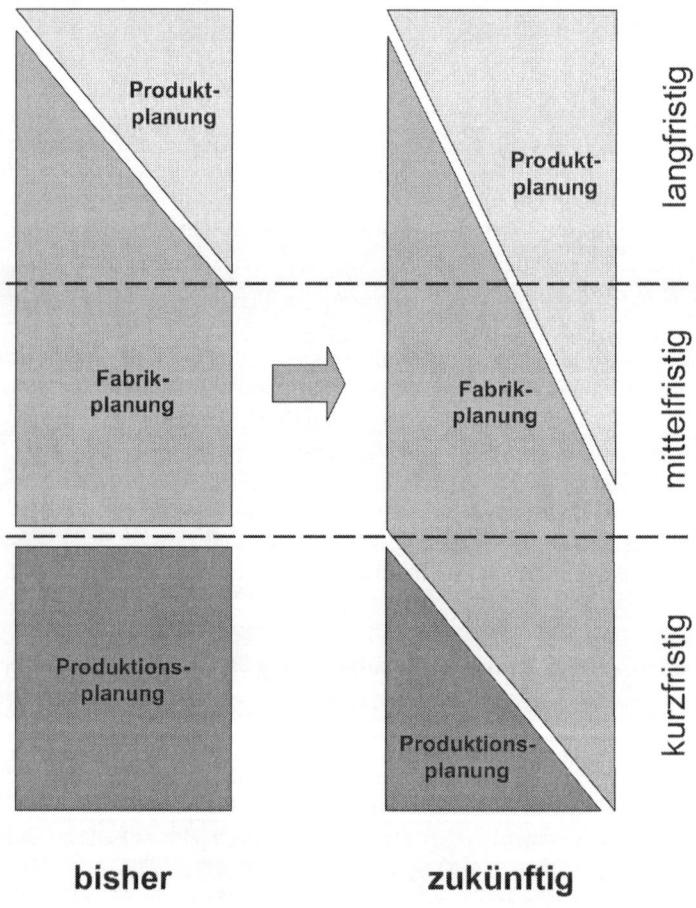

bisher   **zukünftig**

Abbildung 4.1:   Verschiebung der Fristigkeiten der Fabrikplanung

Die Notwendigkeit einer stärkeren Verzahnung einzelner Planungsprozesse erfordert eine entsprechende Integration der eingesetzten Methoden und Werkzeuge. Die Erkenntnis dieser grundsätzlichen Anforderung an der Schnittstelle zwischen Produkt- und Fabrikplanung ist unter den Begriffen *integrierte Produktentwicklung* und dem *Simultaneous Engineering* bereits ausführlich in der Literatur beschrieben (u.a. [Ever 05], [Masu 06], [Ehrl 07]). Die Verzahnung von Fabrikplanung und Produktionsplanung im Sinne einer kontinuierlichen Fabrikplanung wird dagegen bisher nur sehr allgemein betrachtet.

Ziel der vorliegenden Arbeit soll es sein, die Anforderungen an ein integriertes Planungswerkzeug an der Schnittstelle zwischen Fabrikplanungsprozess und Produktionsplanungsprozess herauszuarbeiten und umzusetzen. Dazu soll in Kapitel 5 das betrachtete Planungssystem anhand eines geeigneten Strukturierungsansatzes untersucht werden und in Kapitel 6 das vom Autor entwickelte prototypische Werkzeug linelogix. als Umsetzungsbeispiel vorgestellt werden, welches für die kontinuierliche Planung der Fließfertigung von Varianten zum Einsatz kommt.

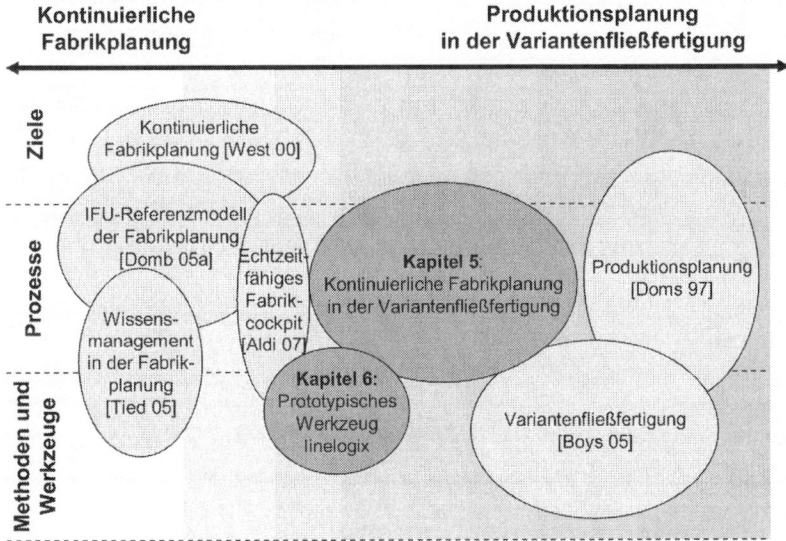

Abbildung 4.2:   Einordnung der Kapitel 5 und 6 in einen Auszug der vorhandenen Ansätze

Eine grafische Einordnung der beschriebenen Zielsetzung in die vorhandene Literatur ist nur ansatzweise möglich, da die Ausführungen dieser Arbeit an der Schnittstelle der Fabrikplanung und Produktionsplanung einerseits und der Schnittstelle der Ingenieurwissenschaften und der Wirtschaftswissenschaften andererseits einzuordnen sind. Dennoch soll versucht werden, anhand von Abbildung 4.2 die unterschiedlichen Ansätze einiger ausgewählter Literaturquellen zur Abgrenzung dieser Arbeit heranzuziehen.

Demnach beschreiben Westkämper und Dombrowski in den genannten Veröffentlichungen Ziele und Prozesse der kontinuierlichen Fabrikplanung. Tiedemann und Aldinger leiten daraus innerhalb eingegrenzter Themengebiete geeignete Methoden und Werkzeuge ab oder erarbeiten diese. Die Produktionsplanung in der Variantenfließfertigung ist Gegenstand der allgemeinen Literatur zur Produktionsplanung. Ziele, Prozesse und die wichtigsten Werkzeuge und Methoden werden beispielsweise durch Domschke, Scholl und Voß beschrieben. Spezifische Methoden, insbesondere unter dem Begriff *Operations Research* zusammengefasste numerische Methoden, sind Inhalt einer Vielzahl von Veröffentlichungen und werden von Boysen in einen planerischen Zusammenhang gebracht. Die vorliegende Arbeit hat zum Ziel, die Lücke zwischen den skizzierten Themenkomplexen zu schließen, die darin besteht auf prozessualer Ebene die Grundlage für eine kontinuierliche Planung zu gestalten und zugleich ein geeignetes Werkzeug zu schaffen, das eine kontinuierliche Planung der Fließfertigung von Varianten ermöglicht. Das prototypische Werkzeug linelogix ist dabei als Anwendung zu verstehen, die der Fabrikplanung den Zugriff auf die Methoden der Produktionsplanung ermöglicht, und damit den Fabrikplanungsprozess beschleunigt.

4.2 Planungsfähigkeit bei hoher Planungskomplexität

Mit zunehmender Variantenvielfalt nimmt die Planungskomplexität in der Variantenfließfertigung zu. Eine Optimierung ist meist nur noch mit Hilfe der in Abschnitt 3.4.2 vorgestellten mathematischen Verfahren des Operations Research möglich. Die Tatsache, dass der Datenbedarf für diese Verfahren in Abhängigkeit der Variantenvielfalt steigt, lässt jedoch vermuten, dass dem Praxiseinsatz dieser Verfahren Grenzen gesetzt sind. Die Untersuchungen von Rekiek und Delchambre bestätigen, dass es mehrere Gründe dafür gibt, dass die wissenschaftlichen Methoden des Fließbandabgleichs in der Praxis keine

Anwendung finden. Demnach sind die fehlende Datengrundlage und die zu hohe Abstraktion wissenschaftlicher Lösungsansätze wesentliche Schwächen, die dem Einsatz in der industriellen Realität entgegenstehen [Reki 06] S. 9.

Die erforderliche Datengrundlage für numerische Verfahren umfasst neben Produktinformationen auch sämtliche betriebliche Restriktionen, die aus jedem der Produktionsfaktoren resultieren können, u.a.

- technologische Restriktionen in Form von Vorranggraphen je Variante,

- Betriebsmittelrestriktionen,

- Positionsrestriktionen,

- Arbeitsgangrestriktionen,

- und Qualifikationsrestriktionen.

Insbesondere variantenabhängige Restriktionen führen zu einem sehr hohen Bedarf an Daten, deren Ermittlung mit hohen Kosten verbunden ist. Diese Planungskosten haben direkte Auswirkungen auf die von den Unternehmen gewählte Planungstiefe, d.h. auf den Umfang und den Detaillierungsgrad der Arbeitsplandaten [Ever 99] S. 7-74.

Nach Eversheim ist die optimale Planungstiefe anhand der Optimierung der Gesamtkosten festzulegen (Vgl. Abbildung 4.3). Diese ergibt sich als Summe der Planungskosten und der Fertigungskosten. Beide Kostenarten sind abhängig von Einflussgrößen, zu denen unter anderem auch die Auftragswiederhol-häufigkeit und die Komplexität des Produktes zählen [Ever 99] S. 7-75. Der im vorangegangenen Absatz beschriebene starke Anstieg der Planungskosten durch variantenabhängige Restriktionen führt dazu, dass bei optimaler Planungstiefe die für numerische Verfahren notwendige Datengrundlage nicht zur Verfügung steht. Diesen theoretisch hergeleiteten Sachverhalt konnte der Autor in einer Vielzahl von Unternehmen mit hoher Variantenanzahl bestätigt sehen.

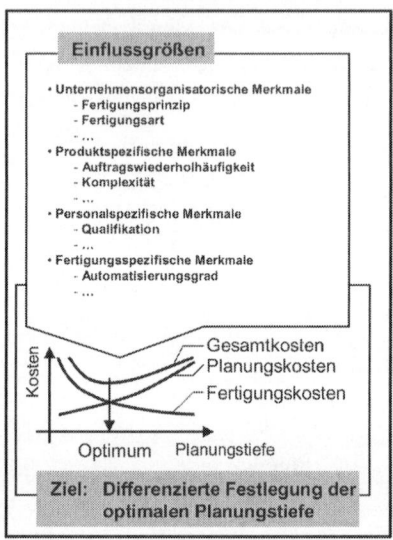

Abbildung 4.3:   Optimale Planungstiefe in der Arbeitsplanung nach [Ever 99]
S. 7-75

Die durch die geschilderte Situation betroffenen Unternehmen lassen sich vereinfacht anhand der produzierten Jahresmenge und des Individualisierungs-grads, wie in Abbildung 4.4 gezeigt, einordnen.

Während sich PKW-Hersteller durch hohe Stückzahlen und einen im Vergleich mittleren Individualisierungsgrad auszeichnen, ist bei Nutzfahrzeugen eine deutlich höhere Variantenanzahl bei einer geringeren Stückzahl zu erkennen. So variiert die Komplexität, gemessen an dem Teileumfang eines Nutzfahrzeuges zwar stark, ist aber mit 20.000 bis 80.000 Teilen im Vergleich zu einem durchschnittlichen PKW mit einem Teileumfang von 8.000 bis 20.000 Teilen als hoch zu bezeichnen [Webe 02] S.4. Ein noch höherer Individualisierungsgrad bei gleichzeitig geringerer Stückzahl ist bei Herstellern von Omnibussen oder Baustellenfahrzeugen anzutreffen.

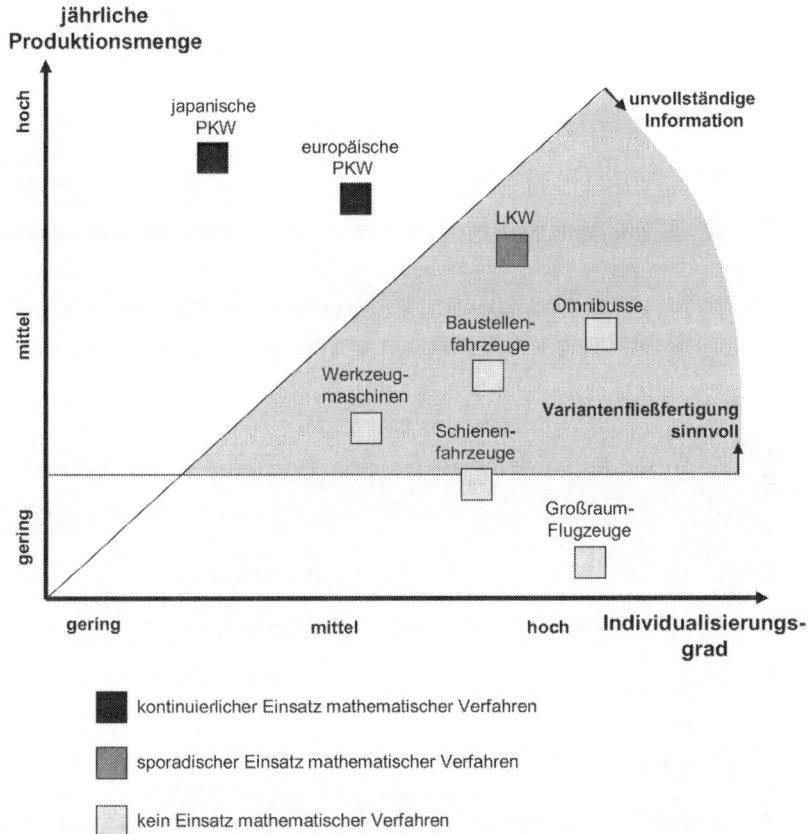

Abbildung 4.4:   *Einsatz von mathematischen Verfahren in der*
                  Variantenfließfertigung

Der Einsatz mathematischer Verfahren nimmt demnach mit dem Quotienten Individualisierungsgrad/Produktionsmenge ab. Ausgehend von der Annahme, dass gemäß Taylor eine (Varianten)fließfertigung erst ab einer gewissen Stückzahl sinnvoll ist, lassen sich Unternehmen, die mit unvollständiger Information planen müssen, auf den in der Abbildung schattierten Bereich eingrenzen.

Der bei unvollständiger Datengrundlage fehlende oder grobe Abgleich der Bänder führt neben ungenutzten Leerzeiten – so liegen beispielsweise der Austaktung einer Motorenfertigung in Mannheim Arbeitsinhalte zugrunde, die weit über den durchschnittlichen Arbeitsinhalten liegen [Deck 93] S. 8. – zu

Unzufriedenheit seitens der Arbeitnehmer, da den Überlastungen an anderer Stelle Leerzeiten gegenüberstehen und diese Schwankungen nur in begrenztem Rahmen über den Leistungsgrad abgefangen werden können [Ebel 06].

Wie bereits in Abschnitt 3.4.3 beschrieben, greifen Unternehmen bei unvollständigen Informationen im Fall der Reihenfolgeplanung auf regelbasierte Systeme zurück. Regelbasierte oder empirische Ansätze für die Fließbandabstimmung existieren jedoch nicht. Weiteres Ziel der vorliegenden Arbeit soll es somit sein, eine Methode zu entwickeln, die die Fließband-abstimmung bei unvollständiger Information ermöglicht. Dazu sollen in Kapitel 7 anhand grundsätzlicher mathematischer Zusammenhänge ein Vorgehen zur Fließbandabstimmung entwickelt werden, welches in den in Kapitel 8 beschriebenen Anwendungsbeispielen zum Einsatz kommt. Dieses Vorgehen ist als Ergänzung existierender Methoden der Produktionsplanung zu verstehen und dementsprechend wie in Abbildung 4.5 dargestellt in den Gesamtkontext der vorliegenden Arbeit einzuordnen.

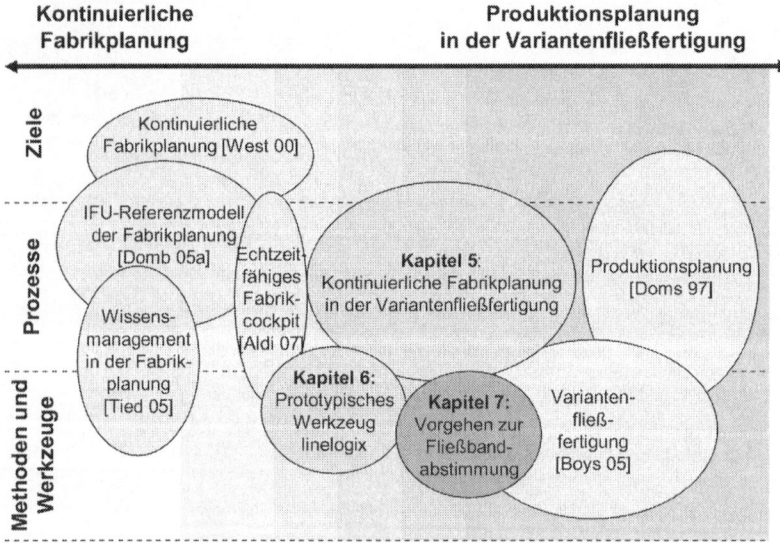

Abbildung 4.5:   Einordnung des Kapitels 7 in einen Auszug der vorhandenen Ansätze

Zusammenfassend bedeutet dies, dass die erkannte Lücke auf verschiedenen Ebenen durch unterschiedliche Herangehensweisen geschlossen werden muss. Kapitel 5, 6 und 7 stellen somit die Bausteine dar, die auf der Ebene der Prozesse einerseits und der Methoden und Werkzeuge andererseits erforderlich sind, um dem identifizierten Handlungsbedarf gerecht zu werden.

5 Kontinuierliche Planung der Fließfertigung von Varianten

Im Rahmen dieses Kapitels soll der Integrationsbedarf an der Schnittstelle zwischen Fabrikplanung und Produktionsplanung analysiert und die Anforderungen an ein integratives Werkzeug zur Beschleunigung des Planungsprozesses erarbeitet werden. Dazu wird als Grundmodell der Untersuchung zunächst ein Strukturierungsansatz für die Analyse ausgewählt. Unter Anwendung des Strukturierungsansatzes wird der zu betrachtende Planungsprozess anhand geeigneter Kriterien eingegrenzt, werden Teilaspekte des betrachteten Planungsprozesses untersucht und die Anforderungen an ein integratives Werkzeug abgeleitet.

5.1 Grundmodell der Untersuchung

Die Analyse prozessübergreifender Problemstellungen stellt den Betrachter vor die Aufgabe mehrere Themenfelder im Querschnitt zu untersuchen. Die im vorliegenden Fall untersuchten Gebiete der Fabrikplanung einerseits und der Produktionsplanung andererseits stellen bereits für sich umfangreiche und komplexe Themenfelder dar. Die systematische Analyse kann somit nur durch Anwendung eines geeigneten Strukturierungsansatzes erfolgen, der neben der Unterteilung der Analyseinhalte auch eine klare Eingrenzung des Betrachtungsumfangs erlaubt. Hierfür existieren in der Literatur eine Vielzahl Strukturierungsansätze (vgl. u.a. [Öste 95], [Möhr 98], [Nege 98], [Patz 82]).

Für die vorliegende Untersuchung der Planungsprozesse soll als Strukturierungshilfsmittel der von Negele vorgeschlagene generische ZOPH-Ansatz verwendet werden, weil er sich als mentales Hilfsmittel in verschiedenen Problemstellungen der industriellen Praxis bereits bewiesen hat [Hage 03], [Nege 98]. Dieser Strukturierungsansatz sieht eine Unterteilung des Gesamtsystems in Ziel-, Objekt-, Prozess- und Handlungssystem vor und soll im Folgenden anhand Abbildung 5.1 dargestellt und erläutert werden.

Das **Zielsystem** beschreibt die Zielsetzungen, die im Rahmen der Problemlösung verfolgt werden. Diese können sowohl erwünschte als auch fest zu erreichende Zustände umfassen.

Das **Objektsystem** umfasst die zur Zielerreichung notwendigen Handlungsergebnisse. Dieses schließt sowohl das Endergebnis als auch alle Zwischenergebnisse des Planungsprozesses ein. Die als Ergebnis eines Planungsprozesses vorweggenommenen Entscheidungen liegen in der Regel in Datenform vor.

Das **Prozesssystem** beschreibt die Planungsprozesse als die Abfolge von Tätigkeiten, die zu einem Plan führen und ihre Wechselwirkungen untereinander.

Das **Handlungssystem** beschreibt die Aufbaustruktur, in der der Planungsprozess stattfindet. Dazu gehören sowohl personelle Ressourcen und Strukturen, als auch die eingesetzten Werkzeuge.

Neben den Teilsystemen sind im Rahmen dieses Ansatzes auch die Aspekte der Systemumwelt zu beschreiben, die in direkter Wechselwirkung mit dem Gesamtsystem stehen [Nege 98] S. 54. Diese Abgrenzung des Betrachtungsumfangs erfolgt über die Beschreibung der **Systemumwelt**. Dazu werden Randbedingungen und externe Einflussgrößen in ihrer Auswirkung auf das System abstrahiert.

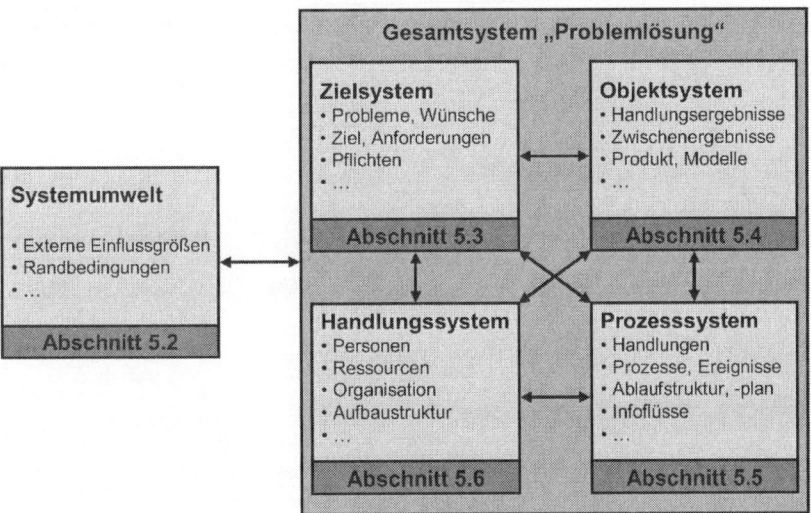

Abbildung 5.1:   ZOPH-Modell in Anlehnung an [Nege 98] S. 54

Das ZOPH-Modell soll zugleich der Strukturierung der Inhalte des Kapitels 5 dienen. In Abschnitt 5.2 wird über die Beschreibung von Randbedingungen eine Abgrenzung vorgenommen. In Abschnitt 5.3 wird erläutert, welchen Einfluss eine Integration der Planungsprozesse auf das Zielsystem der Planung hat. Abschnitt 5.4 beschreibt die Anforderungen an das Objektsystem. Abschnitte 5.5 und 5.6 widmen sich dem Prozesssystem bzw. dem Handlungssystem. In Abschnitt 5.7 werden die Erkenntnisse des Kapitel 5 zusammengefasst.

5.2 Systemumwelt – Abgrenzung des Betrachtungsumfangs

Die Systemabgrenzung ist im Sinne der Kybernetik als ein Freischneiden eines Einzelsystems zu verstehen, ohne dass dessen Funktion gestört wird. Bei der Festlegung der Systemgrenzen ist es daher sinnvoll, darauf zu achten, dass vorhandene Regler in das System integriert werden, da ein Trennen von Rückkopplungsschleifen das System stören würde [Komo 91] S. 34/35. Da die Rückkopplung bei Planungsprozessen über die relevante Zielgröße erfolgt (vgl. Abbildung 2.3), ist eine vollständige Abbildung des Planungsprozesses vom Planungsauslöser bis zur Ermittlung der Zielgröße, wie in Abbildung 5.2 dargestellt, sicherzustellen. Angrenzende Planungsprozesse, die anderen Zielsetzungen folgen, können außerhalb der Systemgrenzen angeordnet werden. Der Einfluss dieser angrenzenden Planungsprozesse kann in Form von Restriktionen für den Planungsprozess beschrieben werden.

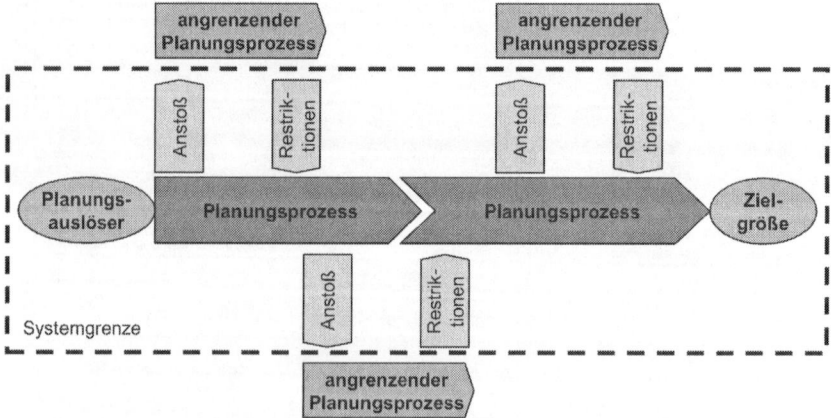

Abbildung 5.2:   Modell zur Systemabgrenzung von Planungsprozessen

Für die Festlegung der Systemgrenzen sind folglich eine Festlegung von Zielgröße, Planungsauslöser und eine Unterscheidung von Planungsprozessen und angrenzenden Planungsprozessen notwendig.

Zielgröße der kontinuierlichen Fabrikplanung ist die nachhaltige wirtschaftliche Produktion und im speziellen Fall der Variantenfließfertigung, aus den in Abschnitt 3.3.2 angeführten Gründen, die Auslastung des Personals. Die Bewertung der Auslastung wird erst nach Abschluss der Personaleinsatzplanung möglich. Diese stellt somit das letzte Glied der Planungsprozesse dar.

Im Rahmen der kontinuierlichen Fabrikplanung sollen Veränderungen zu einer kontinuierlichen Anpassung der Produktion führen [West 00] S. 93. Die die Planung auslösenden Veränderungen können Produktinnovationen sein, die zu einer Veränderungen im Produktionsprogramm führen. Darüber hinaus können auch Stückzahlveränderungen oder Prozessinnovationen als Auslöser der Planung betrachtet werden.

Da Veränderungen im Produktionsprogramm als weitestgehende Veränderung in den Planungsprozess der Bandanpassung einfließen, (Vgl. Abschnitt 3.3) soll diese das erste Glied der Kette darstellen.

Die vollständige zu betrachtende Prozesskette ergibt sich somit, wie in Abbildung 5.3 dargestellt, als Kette der Planungsprozesse Bandanpassung, Fließbandabstimmung, Produktionsprogrammplanung, Reihenfolgeplanung und Personaleinsatzplanung. Die ersten beiden Planungsprozesse sind der Fabrikplanung zuzuordnen, da sie unter anderem die Anordnung der Betriebsmittel zum Ziel haben. Die Einordnung soll in die Phase „Anpassung und Tuning" des IFU-Referenzmodells (vgl. Abschnitt 2.4) eingeordnet werden, da die Durchführung dieser Planungsprozesse kontinuierlich erfolgen soll. Die letzten drei Planungsprozesse sind hingegen der Produktionsplanung zuzuordnen.

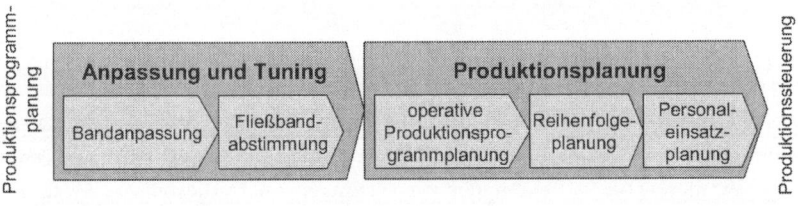

Abbildung 5.3:   Betrachtungsgegenstand der Integrationsanforderungen

Sowohl aus Sicht der Fabrikplanung, als auch aus Sicht der Produktionsplanung sind angrenzende Planungsprozesse zu berücksichtigen, die Restriktionen in den Planungsprozess einbringen oder aus den betrachteten Planungsprozessen heraus angestoßen werden. Aus Sicht der Fabrikplanung sind insbesondere die Flächenplanung und Materialflussplanung von Bedeutung, da Flächenrestriktionen die Fließbandabstimmung maßgeblich beeinflussen können. Einer der wesentlichen Nebenprozesse der Produktionsplanung ist die Materialplanung. Diese hat auf die Personalplanung keinen direkten Einfluss, kann in der Reihenfolgeplanung aber zu einschneidenden Restriktionen führen (vgl. hierzu unterschiedliche Zielsetzungen der Reihenfolgeplanung in Abschnitt 3.3.2).

Die Freiheitsgrade der kontinuierlichen Planung werden entscheidend durch die Restriktionen aus den angrenzenden Planungsprozessen beeinflusst. Hier wird deutlich, dass durch eine höhere Flexibilität auch in angrenzenden Prozessen eine schnellere Anpassung ermöglicht wird, ohne dass diese durchlaufen werden müssen.

5.3 Zielsystem – Integration der Zielsysteme der Fabrikplanung und der Produktionsplanung

Ziel der Ausführungen dieses Abschnitts ist die Darstellung eines konsolidierten Zielsystems für den integrierten Planungsprozess. Dazu werden zunächst die Voraussetzungen für eine Integration erläutert und die bestehenden Zielsetzungen der einzelnen Planungsprozesse differenziert beschrieben. Im Anschluss wird die Zusammenführung der Zielsysteme kritisch bewertet.

5.3.1 Integration von Zielsystemen

Bei der übergreifenden Betrachtung von Fabrikplanung und Produktionsplanung wird durch die Verschiebung der Systemgrenzen ein neues Teilsystem freigeschnitten. Die Gültigkeit der Zielsetzungen ist in diesem Teilsystem zu überprüfen.

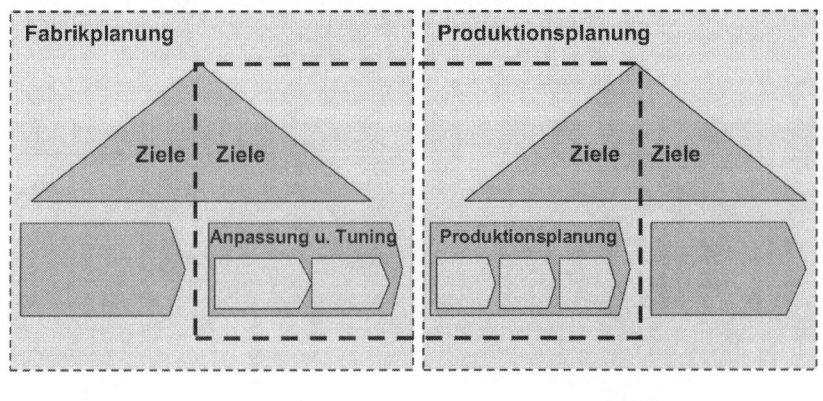

- - - - - - - - - - Systemgrenzen klassisch　　━ ━ ━ ━Systemgrenzen Betrachtungsumfang

Abbildung 5.4:　Anpassung der Systemgrenzen an den Betrachtungsumfang

Abbildung 5.4 stellt die erforderliche Anpassung der Systemgrenzen an den Betrachtungsumfang und die damit einhergehende Integration von zwei Zielsystemen dar. Dabei sind sowohl fabrikplanerische Ziele als auch die Ziele der Produktionsplanung hinsichtlich ihrer Relevanz für die betrachteten Prozesse zu untersuchen.

5.3.2 Planungsziele und Ziele der Planung

Bei der Betrachtung von Planungsprozessen sind zwei Zielsetzungen zu unterscheiden: die Zielsetzung, die der Gestaltung des Planungsprozesses zugrunde liegt (Planungsziele) und die Zielsetzung, an der das Planungsergebnis gemessen wird (Ziele der Planung). Beide Begriffe werden in der vorhandenen Literatur und im Sprachgebrauch nicht einheitlich verwendet (vgl. u.a. [Sche 04] S. 229, [Tied 05] S. 34). Insbesondere für die Integration der Zielsysteme ist jedoch eine differenzierte Betrachtung notwendig. Daher soll im Folgenden zwischen den Begriffen „Planungsziele" und „Ziele der Planung" unterschieden werden.

Der Unterschied wird an den in Abschnitt 3.3.2 beschriebenen neuen Planungszielen der Fabrikplanung deutlich:

- Ständige Planungsfähigkeit
- Höhere Planungsgeschwindigkeit

- Bewältigung des höheren Planungsaufwands

- Höhere Planungssicherheit

Diese Planungsziele beschreiben gewünschte Eigenschaften des Planungsprozesses.

Die klassischen Ziele der Produktionsplanung hingegen beschreiben erwünschte Eigenschaften des Planungsergebnisses:

- kurze Lieferzeit

- hohe Liefertreue

- hohe Auslastung

- geringe Bestände

Sowohl Planungsziele als auch Ziele der Planung sind für die Ermittlung der Anforderungen an den Planungsprozess relevant. Da die Planungsziele die Eigenschaften des Planungsprozesses beschreiben, sind sie insbesondere im Hinblick auf die technischen Anforderungen von Bedeutung. So setzt beispielsweise eine hohe Planungsgeschwindigkeit eine entsprechende Leistungsfähigkeit der Planungswerkzeuge voraus. Aus den Zielen der Planung lassen sich hingegen durch den direkten Bezug zum Planungsergebnis Rückschlüsse hinsichtlich der funktionalen Anforderungen der einzusetzenden Planungswerkzeuge ziehen. Aus den funktionalen Anforderungen ergeben sich beispielsweise die erforderlichen Planungsalgorithmen.

5.3.3 Konsolidiertes Zielsystem der Variantenfließfertigung

Die Integration zweier Planungsprozesse erfordert die Auseinandersetzung mit den vorhandenen Zielen und deren Konsolidierung. Dazu sollen zunächst die in der Literatur erwähnten Ziele (vgl. Abschnitt 3.3.2) aufgegriffen und ggf. ergänzt werden. Abbildung 5.5 stellt die Ziele im betrachteten Teilsystem dar.

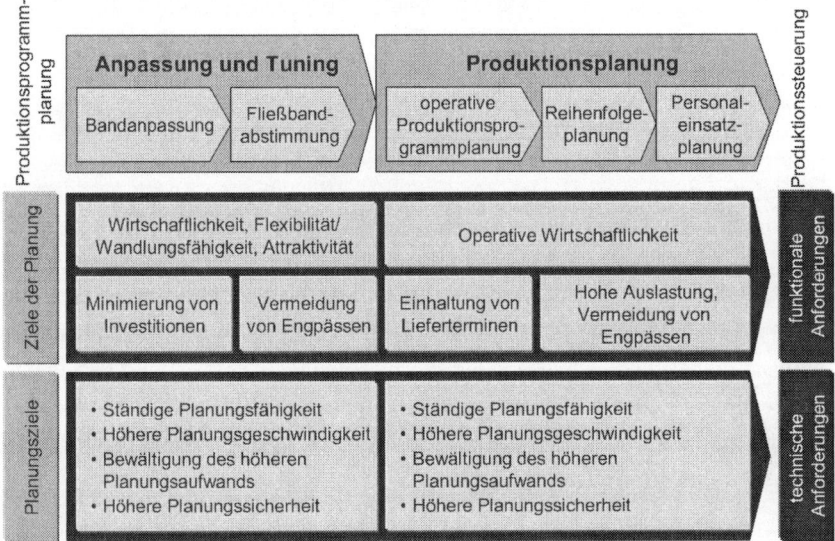

Abbildung 5.5: Konsolidiertes Zielsystem

Die Ziele der Fabrikplanung sind Wirtschaftlichkeit, Wandlungsfähigkeit, Flexibilität und Attraktivität [Wien 96b] S. 9-1/9-2, [Hern 03] S. 14. Im Rahmen der betrachteten Prozesse Bandanpassung und Fließbandabstimmung stehen wirtschaftliche Gesichtspunkte im Vordergrund. So müssen bei der Bandanpassung Investitionen minimiert und durch die Fließbandabstimmungen Engpässe im laufenden Betrieb vermieden werden.

Für die Prozesse der Produktionsplanung lassen sich zwei Zielsetzungen identifizieren. Aufgabe der operativen Produktionsprogrammplanung ist die Einhaltung von Lieferterminen bei der Auswahl des Produktionsprogramms. Die Vermeidung von Engpässen bei gleichzeitiger Minimierung von Leerzeiten als gemeinsames Ziel der Reihenfolgeplanung und der Ressourcenplanung kommt der Maximierung der Auslastung bzw. des Bandwirkungsgrades gleich. Sie entspricht somit den Produktivitätszielen des Unternehmens und ist über alle betrachteten Planungsprozesse hinweg maßgeblich. Abweichend hiervon können für die Reihenfolgeplanung auch die Minimierung anderer Ressourcen Ziel sein, wie beispielsweise die Minimierung von logistischen Spitzen durch den gleichmäßigen Abruf von Material (vgl. Abschnitt 3.3.2).

Die von Tiedemann beschriebenen Planungsziele der Fabrikplanung wurden bereits in Abschnitt 3.3.2 erläutert. Analoge Zielsetzungen im Rahmen der Produktionsplanung lassen sich der Literatur nicht entnehmen. Nichtsdestotrotz lassen sich die Planungsziele der Fabrikplanung auch auf die Produktionsplanung übertragen.

Gemeinsames Ziel ist insbesondere die Bewältigung des gestiegenen Planungsaufwands aufgrund zunehmender Komplexität. Dabei unterscheiden sich jedoch die Komplexitätstreiber beider Prozesse. Komplexitätstreiber der Fabrikplanung sind aufgrund kürzerer Lebenszyklen vorwiegend neue zeitliche Anforderungen an den Planungsprozess, während der gestiegene Planungsaufwand der Produktionsplanung auf die zunehmende Komplexität der Produkte und damit des Produktionsprogramms zurückzuführen ist. Die Wechselwirkungen beider Komplexitätstreiber im Fall der Variantenfließfertigung wurden bereits in Abschnitt 1.1 beschrieben.

Bemerkenswert ist, dass die Herausforderungen hinsichtlich Planungsaufwand und Planungsgeschwindigkeit, denen sich die Fabrikplanung im Rahmen neuer Planungsziele stellen muss, durch die steigende Produktkomplexität bereits in den Produktionsplanungsprozess Einzug erhalten haben. MRP- und ERP-Systeme haben einen entscheidenden Beitrag geleistet um die gestiegenen Anforderungen an Planungsgeschwindigkeit und -aufwand zu bewältigen.

Die Integration der Zielsysteme der Fabrikplanung und der Produktionsplanung ist somit möglich, ohne dass sich Zielkonflikte ergeben. Vielmehr ist für den Fall der Variantenfließfertigung bereits heute eine Überschneidung der Ziele vorhanden, da gewisse Zielgrößen wie die Durchlaufzeit und die Auslastung im Rahmen der Fabrikplanung maßgeblich festgelegt werden und mittels der Produktionsplanung nur noch bedingt beeinflusst werden können.

Ein integriertes Planungswerkzeug muss jedoch in der Lage sein, die beschriebenen Zielgrößen der Planung zu prognostizieren. Hinsichtlich der Planungsziele ist zu prüfen, welche Eigenschaften existierender MRP- und ERP-Systeme für ein integriertes Planungswerkzeug herangezogen werden können, um die neuen Planungsziele der Fabrikplanung zu erreichen.

5.4 Objektsystem – Das virtuelle Abbild als Planungsgrundlage

Im Rahmen dieses Abschnitts werden die Anforderungen an das Objektsystem für ein integriertes Werkzeug zur kontinuierlichen Fabrikplanung erarbeitet. Dazu wird zunächst das erforderliche Datenmodell in seinem Umfang betrachtet (Abschnitt 5.4.1) und im Anschluss die erforderliche Struktur des Datenmodells betrachtet (Abschnitt 5.4.2).

5.4.1 Konsolidiertes Datenmodell

Das im Rahmen der Planung zu betrachtende Objektsystem umfasst die Ergebnisse und Zwischenergebnisse der Planung, den Plan. Als Plan ist hier „ein präskriptives, symbolisches Modell, das in vereinfachter Form ein zukünftiges reales System abbildet" gemeint [Gabl 04] S. 2330. Für die Weiterverarbeitung, d.h. für die Umsetzung des Plans ist dessen Ablage in Datenform notwendig. Eine Systematisierung des Plans lässt sich somit über die Differenzierung von Planungsobjekten in einem Datenmodell erreichen. Jedes Planungsobjekt wird durch Planungsgrößen oder Attribute beschrieben, die entweder als Eingangsgrößen der Planung zu Grunde liegen oder deren Ausprägung im Rahmen der Planung festzulegen oder anzupassen sind. Neben der zeitlichen Veränderung der Attribute ist insbesondere auch die Beziehung zwischen den unterschiedlichen Planungsobjekten von Interesse.

Art und Anzahl der Planungsobjekte hängt von dem gewählten Abstraktionsgrad ab. Zur Veranschaulichung der vorliegenden Ausführungen soll zwischen folgenden in der Produktionsplanung der Variantenfließfertigung üblichen zehn Planungsobjekten differenziert werden.

1) Produkt: Das Produkt ist als Ergebnis der Produktplanung definiert, und wird ggf. hinsichtlich eines konkreten Kundenauftrags konfiguriert und einem bestimmten Produktionszeitraum zugewiesen.

2) Material: Jedem Produkt ist Material – hier als Überbegriff für Bauteile und Baugruppen – zugeordnet, aus dem das Produkt zusammengesetzt wird.

3) Tätigkeit: Die Verbindung der einzelnen Materiale zu einem Produkt erfolgt in festgelegten Arbeitsschritten, den Tätigkeiten. Die Beschreibung der Tätigkeiten erfolgt üblicherweise in einem Arbeitsplan.

4) Betriebsmittel: Betriebsmittel sind im planerischen Zusammenhang Hilfsmittel, die der Mitarbeiter zur Erledigung der Tätigkeiten benötigt.

5) Band: Das Band stellt eine Zusammenfassung von Stationen dar.

6) Station: Das Material und somit auch die Tätigkeiten werden in der Variantenfließfertigung einer oder mehreren Stationen zugeordnet, an denen das Material bereitgestellt wird.

7) Takt: Der Takt als definiertes Zeitintervall stellt den Rahmen für die zeitliche Einordnung anderer Planungsobjekte dar.

8) Schicht: Die Schicht ist als weitere zeitliche Zusammenfassung der Takte zu sehen. Die Dauer der Schicht hängt vom gewählten Arbeitszeitmodell ab.

9) Mitarbeiter: Der Mitarbeiter führt an den Produkten Tätigkeiten aus, die seiner Qualifikation entsprechen und den Wert des Produktes steigern.

10) Qualifikation: Für die Durchführung von Tätigkeiten sind bestimmte Qualifikationen erforderlich, die der Mitarbeiter besitzen muss.

Die Planung ist somit als Zuordnungsproblem zu betrachten, welches diese Planungsobjekte gemäß der vorgegebenen Ziele in eine Beziehung bringt. Dieser Zusammenhang ist in Abbildung 5.6 schematisch dargestellt. Aus der Abbildung wird deutlich, dass die Komplexität des Zuordnungsproblems nur eine vereinfachte Darstellung zulässt.

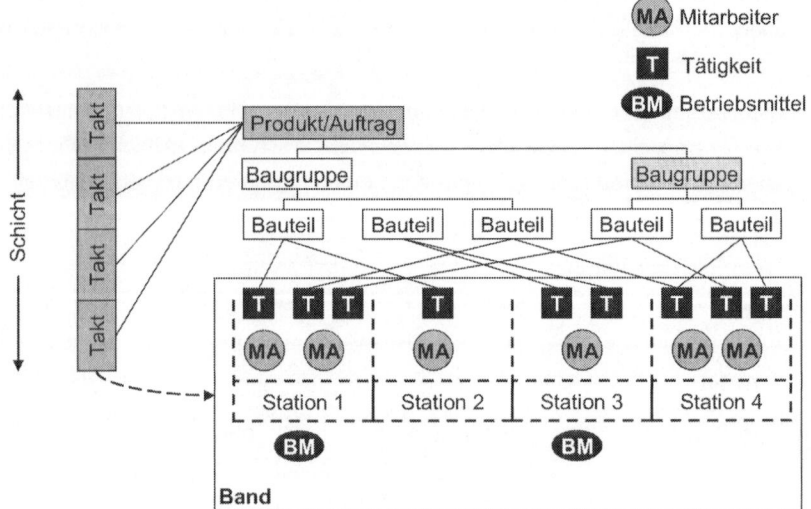

Abbildung 5.6:   Planung als Zuordnungsproblem

Für die Dokumentation der Planungsergebnisse ist somit ein relationales Datenmodell erforderlich, das die Beziehungen zwischen den Planungsobjekten abbildet. Das Datenmodell ist die Grundlage für den Aufbau einer entsprechenden Datenbank.

Der Informationsgehalt des Datenmodells nimmt während des Planungsprozesses zu. Somit lassen sich in einem bestehenden Modell Grunddaten und Ergebnisse unterscheiden. Dabei können Ergebnisse eines Planungsschrittes Grunddaten eines nachfolgenden Planungsschrittes sein. Die tatsächliche Ausprägung des Datenmodells ist von Unternehmen zu Unternehmen unterschiedlich und hängt vorrangig von den eingesetzten Informationssystemen ab.

Die Datenhaltung der betrachteten Planungsprozesse erfolgt heute noch weitgehend verstreut. Dies ist in der Vielfalt der eingesetzten Instrumente begründet. Während im Bereich der Produktionsplanung die Datenhaltung weitestgehend in den Datenbanken der PPS-Systeme erfolgt, sind insbesondere im Bereich fabrikplanerischer Tätigkeiten eine Vielzahl unverknüpfter Planungsinstrumente vorzufinden [Tied 05] S. 19/20.

Erste wesentliche Voraussetzung für ein integriertes Werkzeug ist somit die Zusammenführung und Konsolidierung der eingesetzten Datenmodelle. Das konsolidierte Modell bietet die Möglichkeit den (geplanten) Zustand des Unternehmens abzubilden. Die Generierung der fehlenden Information kann über die vorhandenen oder neu zu gestaltenden Planungsprozesse erfolgen (vgl. Abschnitt 5.5).

5.4.2 Aktualität durch inkrementelle Datenbasis

Offensichtlich führt eine kontinuierliche Planung zu einem erhöhten Planungsaufwand. Durch eine veränderungsbezogene Planung kann dieser jedoch verringert werden. Dazu werden ausgehend von einem Planungszustand A lediglich die Veränderungen der Eingangsparameter abgebildet, um einen neuen Planungszustand B zu ermitteln. Unter der Voraussetzung, dass der Planungszustand A jederzeit bekannt ist, wird damit der Planungsaufwand gegenüber einer Neuplanung deutlich reduziert. Der Zusammenhang zwischen Neuplanung und Umplanung ist in Abbildung 5.7 schematisch skizziert. Geht man davon aus, dass sich geplante System im Punkt A befindet, so ist der Planungsaufwand geringer, wenn man im Rahmen der Planung nicht den neuen

Zustand B beschreibt sondern ausgehend von dem bereits beschriebenen Zustand A nur die Veränderung zum Punkt B beschreibt. Hierfür ist gemäß der Abbildung eine Übersetzung von Veränderung auf x-Achse (Input) in die Ausgangsparameter (Output) der Planung erforderlich. Ähnliche Verfahren werden bereits beispielsweise in der Produktionsplanung unter dem Namen Netchange-Verfahren angewendet, um Planungslaufzeiten für die Material-disposition zu verkürzen [SAP 07].

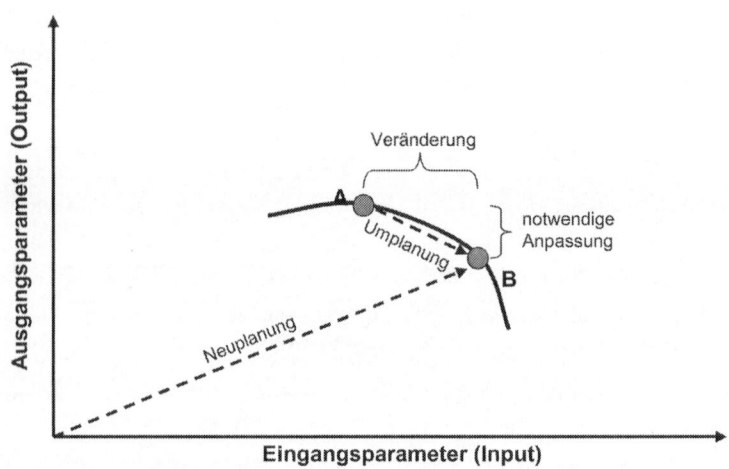

Abbildung 5.7:   Umplanung versus Neuplanung

Neben der Kenntnis des Zustands A ist es somit notwendig, erwartete Veränderungen der Eingangsdaten im Modell zu erfassen und die Ergebnisse der Planung als Zustand B im Datenmodell abbilden zu können. Dieser inkrementelle Planungsansatz lässt sich anhand einer Analogie aus der Mathematik erklären.

Die Beschreibung mehrdimensionaler Systeme erfolgt in der Mathematik über Vektoren. Inkrementelle Veränderungen können in Form einer Vektoraddition beschrieben werden.

$$\begin{pmatrix} x_{1,alt} \\ x_{2,alt} \\ \vdots \\ x_{n-1,alt} \\ x_{n,alt} \end{pmatrix} + \begin{pmatrix} \Delta x_1 \\ \Delta x_2 \\ \vdots \\ \Delta x_{n-1} \\ \Delta x_n \end{pmatrix} = \begin{pmatrix} x_{1,neu} \\ x_{2,neu} \\ \vdots \\ x_{n-1,neu} \\ x_{n,neu} \end{pmatrix}$$

Ausgehend von einem definierten Zustand wird der neue Zustand über einen Veränderungsvektor beschrieben. Es ist hervorzuheben, dass der Veränderungsvektor die gleichen Dimensionen wie der Grundzustand besitzt. Die Übertragung dieses Ansatzes auf die Planungsobjekte erlaubt es, ausgehend von einer bestehenden (kurzfristigen) Planung, eine neue (mittelfristige) Planung über ein Objektsystem der Veränderung zu beschreiben.

Abbildung 5.8 erläutert diesen Ansatz beispielhaft anhand des Planungsobjektes Tätigkeit. Die bestehende Planung stellt den Zustand dar, wie er beispielsweise in den aktuell gültigen Arbeitsplänen oder Tätigkeitsbeschreibungen des Unternehmens dokumentiert ist. Es wird eine Standardarbeitsfolge betrachtet, die darin besteht, das Material an den Arbeitsplatz zu holen, es zu fixieren und zu nieten. Die erwartete Veränderung besteht in einer Verkürzung der Holzeit, beispielsweise durch eine Anpassung der Materialbereitstellung sowie in einer zusätzlichen Messtätigkeit. Die erwartete Planung B ergibt sich somit aus der Überlagerung beider Objekte.

Planung A

Tätigkeit

Sachnr.	AV	Beschr.	Zeit
...	...	...	...
01.3755.2	10	Holen	1 Min
01.3755.2	20	Fixieren	1,5 Min
01.3755.2	30	Nieten	2,5 Min
...	...	...	...

+

Erwartete Veränderung

Tätigkeit

Sachnr.	AV	Beschr.	Zeit
...	...	...	...
01.3755.2	10	Holen	-0,5 Min
01.3755.2	25	Messen	0,3 Min
...	...	...	...

=

Planung B

Tätigkeit

Sachnr.	AV	Beschr.	Zeit
...	...	...	...
01.3755.2	10	Holen	0,5 Min
01.3755.2	20	Fixieren	1,5 Min
01.3755.2	25	Messen	0,3 Min
01.3755.2	30	Nieten	2,5 Min
...	...	...	...

Abbildung 5.8: Inkrementelle Planung am Beispiel eines Arbeitsplans

Während die Eingangsgrößen eines Planungsprozesses durch die Kombination von Planung A und der erwarteten Veränderung direkt berechnet werden können, sind die Ausgangsgrößen eines Planungsprozesses anhand der neuen Eingangsgrößen zu ermitteln.

Diese Trennung des Grundzustands von den zu erwartenden Veränderungen bringt drei wesentliche Vorteile mit sich:

1) Veränderungen des Grundzustandes, wie beispielsweise Änderungen im Produktionsprogramm, werden direkt mit abgebildet. Der Grundzustand „wandert mit". Die mittelfristige Planung ist somit nicht an einen bestimmten Referenzzustand gekoppelt, sondern basiert auf dem jeweils aktuellen Produktionsprogramm. Auch Hernández weist darauf hin, dass diese vorwärtsgerichtete Ermittlung von Szenarien gegenüber einer empirischen Vorgehensweise den Vorteil bietet, dass Einflüsse, die bereits auf das Unternehmen einwirken, berücksichtigt werden. Dies ist insbesondere in einem turbulenten Umfeld wichtig [Hern 03] S. 103.

2) Über unterschiedliche Veränderungsvektoren lassen sich mit geringem Aufwand Planungsszenarien abbilden.

3) Der bedeutendste Vorteil ist jedoch die Möglichkeit, Veränderungen aufzusummieren – mehrere unabhängig durchgeführte Planungen lassen sich darüber in ein gemeinsames Planungsszenario überführen und bewerten. Dies ist Grundvoraussetzung für eine verteilte, dezentralisierte Planung.

Aus der Betrachtung des Objektsystems lassen sich zusammenfassend zwei zentrale Anforderungen an ein integratives Werkzeug ableiten: die Integration der Datensysteme aus Fabrikplanung und Produktionsplanung sowie die Möglichkeit der Abbildung von Veränderungen gegenüber der jeweils aktuellen kurzfristigen Planung.

5.5 Prozesssystem – Kontinuierliche Planung

Fabrikplanung und Produktionsplanung sind, wie bereits in Abschnitt 3.3 beschrieben, Planungsprozesse. Ein Prozess ist gemäß ISO9000:2005 definiert als ein „Satz von in Wechselbeziehung stehenden Tätigkeiten, der Eingaben in Ergebnisse umwandelt" [DIN 05] S. 18.

Weiterhin ist ein Prozess zu verstehen als „wiederkehrende Folge von Tätigkeiten in Vorgänger-Nachfolger-Beziehung, mit definiertem Anfangs- und Endzeitpunkt, mit dem Ziel wertsteigernd Inputs in Outputs zu transformieren" [Binn 00] S. 76/80. Gillmeister fügt diesem noch hinzu, dass der Prozess durch einen Initiator beziehungsweise einen initialen Sachverhalt angestoßen wird und auf einen oder mehrere Kunden beziehungsweise einen finalen Sachverhalt ausgerichtet ist [Gill 03] S. 26. Dieser Zusammenhang ist in Abbildung 5.9 visualisiert.

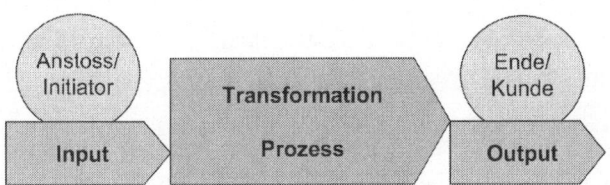

Abbildung 5.9: Visualisierung der Prozessdefinition nach [Gill 03] S. 26

Die Kontinuität und Geschwindigkeit eines Prozesses wird somit von zwei Faktoren bestimmt. Die Regelmäßigkeit des Anstoßes bestimmt die Kontinuität des Prozesses, während die Geschwindigkeit von der Durchlaufzeit des Prozesses abhängt. Um einen kontinuierlichen schnellen Prozess zu erreichen, muss es daher Ziel sein, die Durchlaufzeit zu reduzieren sowie für einen kontinuierlichen Prozessanstoß zu sorgen.

Ein Planungsprozess zeichnet sich dadurch aus, dass Input und Output aus Informationen bestehen. Er hat somit die Transformation von Informationen zum Inhalt. Wie bereits in Abschnitt 2.3 erläutert, erfolgt diese Transformation in drei Schritten:

1. Suche nach Handlungsalternativen

2. Prognose

3. Bewertung

Die Durchlaufzeit dieser Schritte wird durch die Art und Weise ihrer Verrichtung und den erforderlichen Umfang bestimmt. Im folgenden Abschnitt soll untersucht werden, welche Art der Verrichtung eine Verkürzung der Durchlaufzeit ermöglicht. Im Anschluss soll in Abschnitt 5.5.2 ein Vorgehen zur

Ermittlung des Planungsumfangs hergeleitet werden. Der Abschnitt 5.5.3 widmet sich den Voraussetzungen für die Kontinuität des integrierten Planungsprozesses.

5.5.1 Reduzierung der Durchlaufzeit durch differenzierte Planungsfälle

Die Anpassung und das Tuning von Fabriken finden in unterschiedlichen Umfängen statt, die ein angepasstes Vorgehen erfordern. So sehen sich je nach Planungsauslöser unterschiedliche Freiheitsgrade der Fabrikplanung betroffen.

Abbildung 5.10 stellt das IFU-Referenzmodell der Fabrikplanung vereinfacht dar. Anpassungen und Tuning-Maßnahmen, die sich aus dem Betrieb ergeben können wie in der Abbildung dargestellt unterschiedliche Planungsumfänge auslösen. So können kleinere Änderungen in den Kapazitätsanforderungen beispielsweise durch KVP-Maßnahmen im Produktionsprozess abgefangen werden, Prozessinnovationen können zu einer Feinplanung führen, während Produktinnovationen ggf. eine Grobplanung oder im Extremfall eine erneute Betriebsanalyse erfordern.

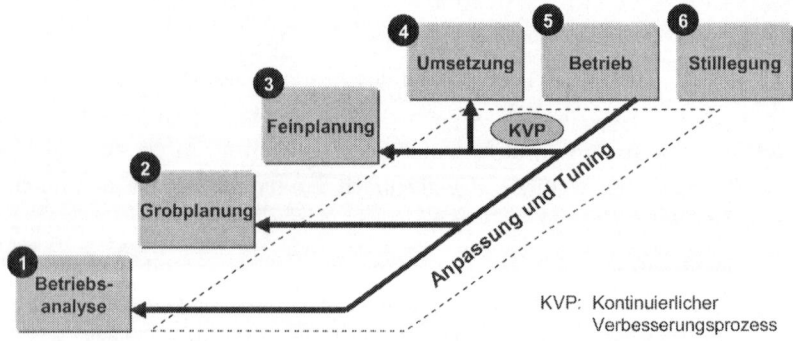

Abbildung 5.10: Planungsumfänge der Fabrikplanung (in Anlehnung an [Domb 04] S. 7)

Die Differenzierung unterschiedlicher Planungsumfänge ist elementar, um die für die Planung notwendige Organisationsform und das Vorgehen festzulegen. Während Masurat gerade im Hinblick auf die Digitale Fabrik projektbezogene Organisationsformen für die Fabrikplanung vorschlägt [Masu 06] S. 98, empfiehlt Westkamper, Fabrikplanungstätigkeiten kontinuierlich durchzuführen. Die klare Definition der Grenzen für projektbezogene Planung und kontinuierliche Planungsprozesse könnte die Abgrenzung von Fabrikplanung

einerseits und fabrikplanerischen Tätigkeiten im Rahmen der Produktionsplanung anderseits erleichtern.

Für den von Dombrowski und Tiedemann vorgeschlagenen kontinuierlichen
Verbesserungsprozess wäre somit ein den Planungsumfängen angepasstes
Vorgehen festzulegen. So weist Menzel darauf hin, dass ein Vorgehen nach dem
Demingzyklus, bei dem falsche Maßnahmen sofort revidiert werden können, nur
zu einem begrenzten Maße sinnvoll ist, da Kosten für Fehlversuche schnell zu
groß werden können [Menz 00] S. 23. Insbesondere in solchen Fällen kann der
Einsatz von Simulationswerkzeugen sinnvoll sein, da Maßnahmen vorab auf
ihre Auswirkungen hin untersucht werden können.

Der Markt heutiger Simulationswerkzeuge ist jedoch grundsätzlich auf
Neuplanungen ausgerichtet, die Prognosen für das Verhalten einer noch nicht
existierenden Fabrik liefern. Der entscheidende Einfluss, den die Parameter der
Produktionsplanung auf die Leistungsfähigkeit der Fabrik haben, kann in diesem
Fall lediglich vereinfacht abgebildet werden. Erst das tatsächlich beobachtete
Verhalten der Fabrik lässt Rückschlüsse zu, zu einem Zeitpunkt, zu dem die
fabrikplanerischen Parameter bereits feststehen und Anpassungen nur noch im
Rahmen der Produktionsplanung möglich sind (Vgl. [Ever 96], S. 7-65). Auch
wenn Erfahrungswissen aus vorangegangenen Planungen im Rahmen des
Wissensmanagement sinnvoll strukturiert zur Verfügung gestellt werden kann
[Tied 05] S. 147, sind damit die Möglichkeiten für die Planung von
Anpassungen noch nicht ausgeschöpft. Der Zugriff auf Informationen aus dem
laufenden Betrieb der Fabrik ist notwendig, um den Planungsprozess zu
unterstützen.

Der auf Neuplanungen ausgelegte sequentielle Planungsprozess kann somit wie
in Abbildung 5.11 dargestellt durch einen integrierten Planungsprozess ersetzt
werden, der Handlungsalternativen auf der Basis eines prozessübergreifenden
Prognoseinstruments mit Hilfe von Simulation bewertet.

Durch den Schritt von einer sequentiellen Planung zu einer integrierten Planung
kann die Durchlaufzeit deutlich verkürzt und damit die Reaktionsfähigkeit der
Planung heraufgesetzt werden.

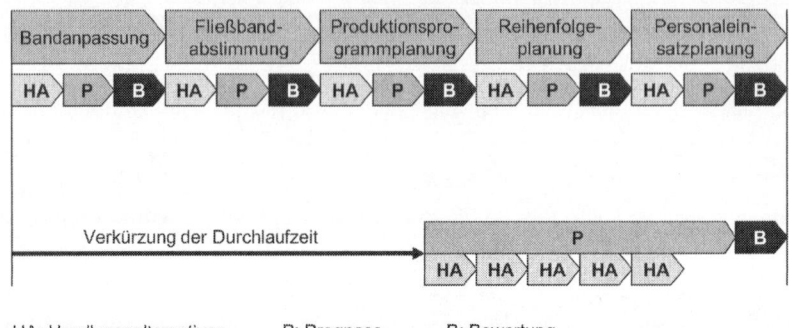

HA: Handlungsalternativen   P: Prognose   B: Bewertung

Abbildung 5.11: Verkürzung der Durchlaufzeit durch integrierte Prognose und Bewertung

5.5.2 Ermittlung des notwendigen Simulationsumfang

Der notwendige Integrationsumfang der Planung, d.h. der Umfang des Simulationsmodells lässt sich über eine Systematisierung der Eingangs- und Ausgangsparameter der Planungsprozesse, wie in Abbildung 5.12 dargestellt, ermitteln. Die Planungsobjekte werden in einer Matrix dargestellt. Das Ergebnis eines Planungsprozesses lässt sich anhand der generierten Information in Form geschaffener Relationen zwischen Planungsobjekten beschreiben. Für jeden Planungsprozess werden somit die beteiligten Planungsobjekte identifiziert und die Eingangs- und Ausgangsparameter in der Matrix visualisiert. In dieser Form lassen sich auch mehrere aufeinander aufbauende Planungsprozesse in einer Matrix darstellen.

	Planungsobjekt 1	Planungsobjekt 2	Planungsobjekt 3	Planungsobjekt 4
Planungsobjekt 1				
Planungsobjekt 2	I			
Planungsobjekt 3	P	P		
Planungsobjekt 4		P		

I — Eingangsparameter des betrachteten Planungsprozesses P (Input)

P — Ausgangsparameter des betrachteten Planungsprozesses P (Output)

Abbildung 5.12: Systematisierung der Eingangs- und Ausgangsparameter der Planungsprozesse

Wendet man das beschriebene Vorgehen auf den Prozess der Bandanpassung an, ergibt sich die in Abbildung 5.13 dargestellte Matrix.

	Produkt	Material	Tätigkeit	Betriebsmittel	Band	Station	Takt	Schicht	Mitarbeiter	Qualifikation
Produkt										
Material	I									
Tätigkeit	I	I								
Betriebsmittel	I	I	I							
Band	BA	BA	BA	BA						
Station					BA					
Takt										
Schicht										
Mitarbeiter										
Qualifikation	I	I	I	I	BA				I	

BA — Bandanpassung
I — Input

Abbildung 5.13: Relationen der Planungsobjekte am Beispiel des Planungsprozesses „Bandanpassung"

Der vorgelagerte Planungsprozess liefert als Eingangsobjekte eine Auswahl von Produkten als Produktionsprogramm. Diesen Produkten sind bereits Material,

Tätigkeiten, Betriebsmittel und Qualifikationsanforderungen zugeordnet, die üblicherweise im Rahmen der Arbeitsplanung generiert werden.

Die im Rahmen der Bandanpassung ermittelten Relationen umfassen Beziehungen zwischen den bereits bekannten Planungsobjekten Produkt, Material, Tätigkeit, Betriebsmittel und Qualifikationen sowie dem Planungsobjekt Band. Als konkretes Beispiel hierfür kann die Zuordnung bestimmter Produkte zu einer bestimmten Fertigungslinie genannt werden. Weiterhin wird der Zusammenhang zwischen Stationen und Band hergestellt, welcher indirekt auch die Anzahl der Stationen in einem Band bestimmt.

Durch die Übertragung dieses Vorgehens auf die weiteren betrachteten Planungsprozesse (vgl. Abbildung 5.14) wird die graduelle Anreicherung des Datenmodells im Verlauf des Planungsprozesses deutlich. Den fünf betrachteten Planungsprozessen entsprechen fünf aufeinander aufbauende Matrizen, die die Relationen der betrachteten Planungsobjekte darstellen. In der letzten Matrix ist die Übersicht über im Rahmen der Planungsprozesse gebildeten Relationen gegeben.

Die konkrete Ausgestaltung dieser Planungsprozesse kann jedoch von Unternehmen zu Unternehmen variieren. So kann beispielsweise die Festlegung der Standorte für Betriebsmittel entweder im Rahmen der Bandanpassung oder im Rahmen der Fließbandabstimmung erfolgen. Während im ersten Fall die Standorte der Betriebsmittel als Restriktion in die Fließbandabstimmung eingehen, erfolgt im letzteren Fall die Festlegung anhand eines Referenzproduktionsprogrammes.

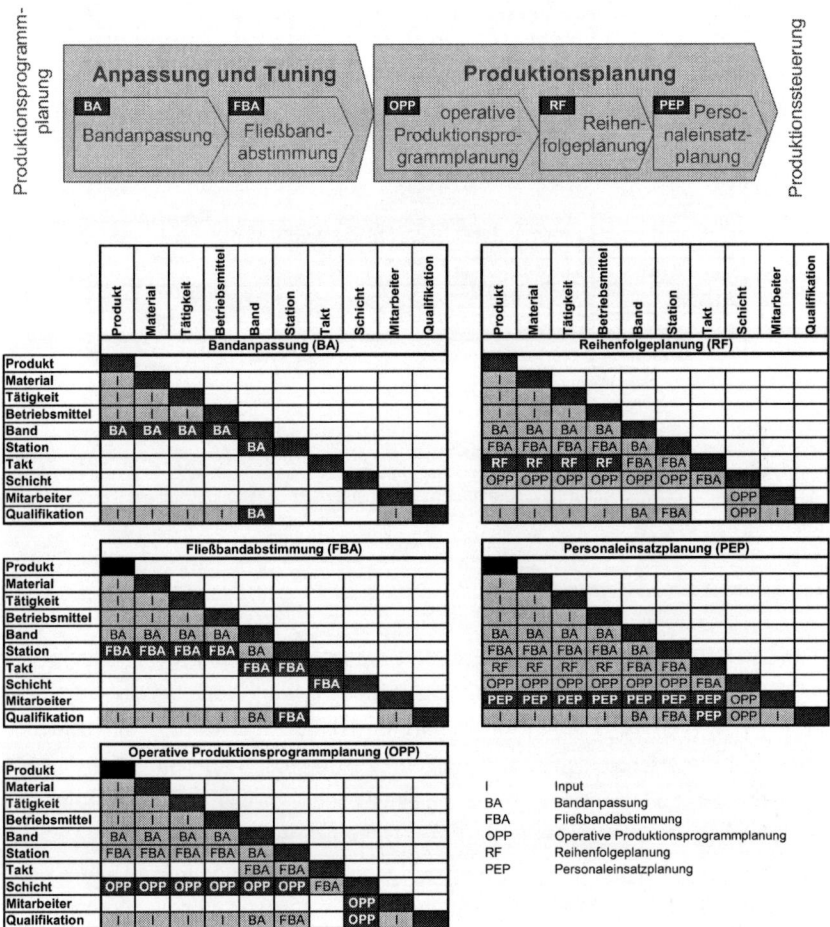

Abbildung 5.14: Relationen zwischen Planungsobjekten als Output der Planungsprozesse

Der Umfang des benötigten Simulationsmodells ist nunmehr an den zu betrachtenden Veränderungen und den Zielgrößen des Unternehmens auszurichten. Während die Veränderungen den ersten zu betrachtenden Planungsprozess bestimmen, bestimmt das relevante Zielkriterium den letzten zu betrachtenden Planungsprozess und damit den Umfang des Simulationsmodells. Dieser Zusammenhang lässt sich an folgendem in Abbildung 5.15 dargestelltem Beispiel verdeutlichen:

	Produkt	Material	Tätigkeit	Betriebsmittel	Band	Station	Takt	Schicht	Mitarbeiter	Qualifikation
Material	I									
Tätigkeit	I	I								
Betriebsmittel	I	I	I							
Band	BA	BA	BA	BA						
Station	FBA	FBA	FBA	FBA	BA					
Takt	RF	RF	RF	RF	FBA	FBA				
Schicht	OPP	OPP	OPP	OPP	OPP	OPP	FBA			
Mitarbeiter	PEP	PEP	PEP	PEP	PEP	PEP	PEP	OPP		
Qualifikation	I	I	I	I	BA	FBA	PEP	OPP	I	

Szenario A

Szenario B

I	Input
BA	Bandanpassung
FBA	Fließbandabstimmung
OPP	Operative Produktionsprogrammplanung
RF	Reihenfolgeplanung
PEP	Personaleinsatzplanung

Abbildung 5.15: Beispiel für die Bestimmung des Simulationsumfangs

Betrachtet wird ein Unternehmen, welches eine Veränderung der Verknüpfung von Tätigkeit und Station berücksichtigen möchte, die beispielsweise durch die Verlagerung von Tätigkeiten innerhalb eines Bandes entstehen. Unterschieden werden soll zwischen den Zielsetzungen einer hohen Betriebsmittelauslastung (Szenario A) und einer hohen Personalauslastung (Szenario B). Verfolgt das Unternehmen eine hohe Auslastung der Betriebsmittel über alle Takte, ist das Simulationsmodell bis auf die Reihenfolgeplanung auszudehnen. Steht jedoch die gleichmäßige Auslastung der Mitarbeiter über alle Takte im Vordergrund, ist eine Ausdehnung des Simulationsmodells bis auf die Personaleinsatzplanung notwendig.

5.5.3 Kontinuierliche Planung durch konstante Planungszykluszeit

Wie in Abschnitt 2.4 dargelegt, erfolgt die kontinuierliche Planung nicht projektbezogen, sondern kontinuierlich in festen Zeitabständen. Aus einer reaktiven Fabrikplanung, die auf Veränderungen reagiert, wird somit eine proaktive Fabrikplanung, die in regelmäßigen Abständen etwaige Veränderungen ermittelt und in ihrer Auswirkung bewertet. Für das Verständnis der Bedeutung dieser neuen Vorgehensweise für den Planungsprozess, ist die

Betrachtung der grundsätzlichen zeitlichen Abfolge der kontinuierlichen Fabrikplanung erforderlich, wie in Abbildung 5.16 dargestellt.

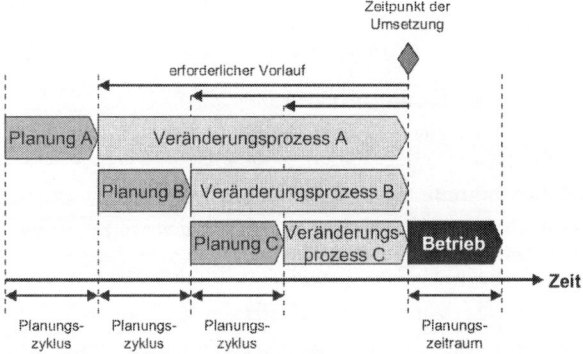

Abbildung 5.16: Zeitliche Abfolge des kontinuierlichen Planungsprozesses

Die kontinuierliche Planung erfolgt grundsätzlich in Planungszyklen, die einen gleich bleibenden Abstand aufweisen, in der Abbildung gekennzeichnet durch die aufeinander folgenden Planungen A, B und C. Ausgehend vom Zeitpunkt der Umsetzung der Veränderung ist ein Vorlauf für den Veränderungsprozess notwendig. Über diesen Zeitraum hinaus erstreckt sich der Planungshorizont der kontinuierlichen Fabrikplanung. Der Vorlauf für die Veränderung kann je nach Art der Veränderung unterschiedlich lang sein. So können beispielsweise umfangreiche Veränderungen, z.B. Layoutänderungen aus der Planung A für den betrachteten Zeitraum abgeleitet werden, während kleinere Veränderungen, z.B. die Verschiebung eines Arbeitsinhaltes von einer Station in eine andere Station auch noch im Zeitraum zwischen der Planung C und dem Betrieb umgesetzt werden können.

Diese Art der Planung stellt die Anforderung an ein integriertes Planungswerkzeug, unterschiedliche Planungsszenarien abbilden und die Datenübernahme von Planungszyklus zu Planungszyklus sicherstellen zu können. Die Zuordnung von Planungsinhalten zu Planungszyklus hat anhand des notwendigen Veränderungsprozesses zu erfolgen.

5.6 Handlungssystem – Partizipation durch Visualisierung

Im Rahmen dieses Abschnitts sollen die Anforderungen aus Sicht der Anwender berücksichtigt werden.

5.6.1 Rollenvielfalt im Planungsprozess

Neben den Planungszielen, den Planungsobjekten und den Planungsprozessen ist das für die Durchführung zuständige Handlungssystem zu betrachten. Dieses wird insbesondere durch die Organisationsstruktur des Unternehmens bestimmt. Um die Frage zu beantworten, welche Anforderungen an ein integratives Werkzeug aus Sicht der Organisation gestellt werden, soll zunächst die typische Organisationsstruktur im speziellen Fall der Variantenfließfertigung skizziert werden. Da die Ausprägung der Struktur von Unternehmen zu Unternehmen variieren kann, werden lediglich die am Planungsprozess beteiligten Rollen beschrieben.

Fabrikplaner: nimmt Aufgaben der Strukturplanung, Materialflussplanung, Layoutplanung und Bauplanung wahr. Seine Arbeit erfolgt vorwiegend projektbezogen, sein Schwerpunkt liegt auf der Integration und Koordination der an der Projektumsetzung beteiligten Fachdisziplinen [Schm 95] S. 18.

Prozessplaner: übernimmt u.a. die arbeitsvorbereitenden Planungen, wie beispielsweise die Planung von Betriebsmitteln, Vorgabezeitenplanung, Planung von Montagekonzepten, Materialbedarfsermittlung [Motu 08] S. 92, [Scha 08] S. 80.

Produktionsplaner: übernimmt Aufgaben der Produktionsplanung und Steuerung in enger Zusammenarbeit mit Disposition, wie beispielsweise die Feinterminierung, Reihenfolgeplanung und Fremdbezugsplanung [Lödd 08] S. 81/91.

Meister: übernimmt produktionsnahe Planungsaufgaben wie beispielsweise die Urlaubsplanung und die Planung des Personaleinsatzes, aber auch Aufgaben der Arbeits- und Prozessgestaltung [Bull 03] S. 412.

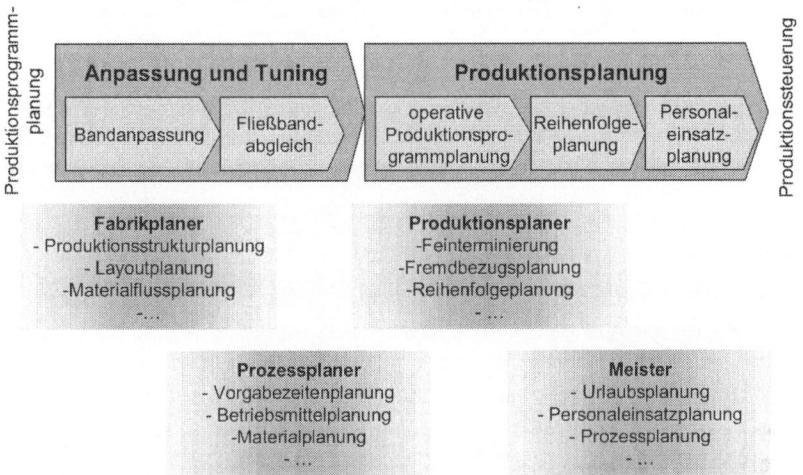

Abbildung 5.17: Rollen im Planungsprozess

Ordnet man die beschriebenen Rollen den betrachteten Planungsprozessen zu, wie in Abbildung 5.17 dargestellt, so wird erkennbar, dass die Planung in der Variantenfließfertigung viele Schnittstellen in der Organisation und eine Vielzahl beteiligter Rollen aufweist. Zudem ergeben sich Überlappungen in den Aufgaben, die den Rollen zugeordnet sind. Die daraus resultierende hohe Komplexität und der hohe Kommunikationsbedarf sind maßgebliche Kriterien für die Auswahl des Planungswerkzeugs. Dombrowski empfiehlt bei hoher Komplexität und hohem Kommunikationsbedarf das integrierte Werkzeug der Digitalen Fabrik [Domb 05b] S. 139.

Die beschriebenen Rahmenbedingungen erfordern somit per se ein integriertes Planungswerkzeug, insbesondere um Kommunikation und Komplexitätsbeherrschung zu ermöglichen. Dies bedeutet, dass die komplexen Zusammenhänge in einer dem Benutzer verständlichen Form dargestellt werden müssen und das Planungssystem die Verfolgung der unternehmerischen Zielgrößen über alle beteiligten Rollen sicherstellt. Die im Unternehmen verwendeten Führungsgrößen müssen aus dem Planungssystem abzuleiten sein und für alle Beteiligten transparent dargestellt werden.

5.6.2 Visuelle Mittel für partizipative Planung

Um angesichts der hohen Variantenvielfalt eine störungsfreie Produktion mit kurzen Durchlaufzeiten und einer hohen Produktqualität aufrecht zu erhalten, ist eine Abkehr von einer tayloristischen Arbeitsorganisation hin zu einer Arbeitsorganisation erforderlich, deren Zentrum selbst steuernde Arbeitsgruppen bilden [Wien 04] S. 115.

Untersuchungen aus den Arbeitswissenschaften weisen auf die Potentiale hin, die aus der Übernahme von Planungsverantwortung im Rahmen von Gruppenarbeit resultieren können. Dies ist insbesondere für nichttechnisierte Fertigungsaufgaben wie die Montage sinnvoll [Saur 96] S.65. Der REFA-Verband nennt vor allem die Werkstattführung, d.h. die Organisation des Mitarbeitereinsatzes und das An- und Umlernen der Mitarbeiter zusammen mit der Qualitätssicherung als die zwei wichtigsten Umfeldaufgaben, die im Rahmen der Gruppenarbeit übernommen werden können [AKNA 93] S. 15.

Zugleich soll „der Mensch mit seinen dem Rechner weitaus überlegenen kognitiven Fähigkeiten in den Mittelpunkt des Lösungsprozesses gestellt werden. [...] Die primäre Aufgabenstellung an ein Informations- und Planungssystem muss daher die durchgängige Unterstützung des Anwenders mit grundlegenden Basisinformationen sowie die Verwaltung der manuell oder rechnerunterstützt erzeugten Fortschrittsinformationen sein." [Schä 91] S. 41. Systeme in der kurzfristigen und dezentralen Planung sind auch laut Hackstein als Informationssysteme zu sehen, die Entscheidungshilfen geben sollen, „damit der Mensch sich vor allem mit seiner von keinem System zu ersetzenden Kreativität und universalen Dispositionsfähigkeit entfalten kann" [Hack 89] S. 303.

Die dezentrale Einbindung von Gruppen in den Planungsprozess und die Förderung der Kreativität im Planungsprozess erfolgt im Rahmen der Fabrikplanung durch Partizipation. Sollen Anpassungen der Fabrik partizipativ erfolgen, d.h. unter Einbindung der Gruppe, so ist sicherzustellen, dass das integrative Planungswerkzeug über geeignete visuelle Schnittstellen verfügt, die eine Partizipation ermöglichen.

5.7 Zusammenfassung der Anforderungen an ein integratives Werkzeug zur kontinuierlichen Fabrikplanung

Die aus der Analyse der Teilsysteme gewonnenen Erkenntnisse hinsichtlich der Anforderungen an ein integriertes Planungswerkzeug lassen sich wie folgt zusammenfassen.

1. **Integrierte Abbildung des Planungsprozesses:** Das Planungswerkzeug muss den kausalen Zusammenhang zwischen Planungsauslöser und relevanter Zielgröße abbilden können. Angrenzende Planungsprozesse sind über Restriktionen zu modellieren.

2. **Übertragung der Erkenntnisse von ERP-Systemen auf fabrikplanerische Planungsaufgaben:** Wie in Abschnitt 5.3 dargelegt, werden die neuen Planungsziele der Fabrikplanung in Bezug auf die Produktionsplanung bereits durch ERP-Systeme weitestgehend erreicht. Bestehende Ansätze sind somit auf ein integriertes Planungswerkzeug zu übertragen.

3. **Konsolidiertes Datenmodell:** Das integrierte Datenwerkzeug muss ein Datenmodell aufweisen, welches die relevanten Objekte für die Ermittlung der unter 1. erwähnten kausalen Kette beinhaltet.

4. **Inkrementelle Datenbasis:** Eine inkrementelle Datenbasis erlaubt die Beschreibung von Veränderungen als Abweichung von einem Ausgangszustand. Durch die Möglichkeit Planungsszenarien unabhängig voneinander zu modellieren, zu addieren und Veränderungen des Ausgangszustandes in der Betrachtung mit zu berücksichtigen, lässt sich über diese Form der Datenbasis die notwendige Verringerung des Planungsaufwandes erreichen.

5. **Angepasster Simulationsumfang:** Der Modellierungsumfang produktionsplanerischer Objekte hat in Abhängigkeit der zu betrachtenden Veränderungen und der zu simulierenden Zielgrößen zu erfolgen.

6. **Visualisierung der Ergebnisse:** Die Visualisierung der Planungsergebnisse in einer allgemein verständlichen Form ist die Grundlage der Zusammenarbeit aller Prozessbeteiligten.

Diese Anforderungen sind in die Entwicklung des prototypischen Werkzeugs linelogix eingeflossen. Dieses wird im Rahmen des folgenden Kapitels beschrieben und anhand von zwei Anwendungsbeispielen aus der Nutzfahrzeugbranche in Kapitel 8 validiert.

6 Das Planungswerkzeug linelogix

Die in Kapitel 5 durchgeführte Analyse der Fabrik- und Produktionsplanungs-prozesse in der Variantenfließfertigung hatte zum Ziel, Anforderungen an ein integriertes Planungswerkzeug herauszuarbeiten und zusammenzufassen. In Anknüpfung an die gewonnenen Erkenntnisse soll das Simulationswerkzeug linelogix vorgestellt werden, welches die erarbeiteten Anforderungen in einen realen Kontext setzt. Damit soll nicht nur der Ablauf des Planungsprozesses deutlich gemacht, sondern auch die Grundlage für das Verständnis der in Kapitel 8 beschriebenen Anwendungsbeispiele vermittelt werden.

6.1 Entstehung

Das Simulationswerkzeug linelogix wurde durch den Autor in Zusammenarbeit mit einem Unternehmen der Nutzfahrzeugindustrie entwickelt. Ziel war es, ein Planungswerkzeug für die Variantenfließfertigung zu kreieren, welches die Auswirkungen folgender Veränderungen auf die Produktivität prognostiziert und so kurzfristige und mittelfristige Entscheidungen unterstützen kann:

- Veränderungen der Variantenvielfalt durch Modellwechsel oder zusätzliche Ausstattungsmerkmale

- Veränderungen der Zusammensetzung des Produktionsprogrammes durch Verschiebungen innerhalb des Werkverbundes oder durch veränderte Anforderungen des Marktes

- Veränderungen der Produktionsmenge, insbesondere der daraus resultierenden Taktzeit

- Veränderungen der Bandstruktur, beispielsweise durch zusätzliche Stationen

- Verlagerungen von Arbeitsinhalten im Band

Aus Unternehmenssicht wurden als Zielanwender neben den Mitarbeitern der Arbeitsvorbereitung auch die Vorarbeiter und Meister der Bandabschnitte sowie die entsprechenden Führungskräfte identifiziert. Im Zusammenspiel dieser Anwender sollten folgende Planungsergebnisse ermöglicht werden:

- **Optimale Betriebspunkte:** Ermittlung und Festlegung wirtschaftlicher Taktzeiten bei gegebenem Bandlayout, Produktionsprogramm und flexibler Mitarbeiteranzahl

- **Optimierung von Gruppengrößen:** Festlegung der Zuständigkeit der Gruppen über mehrere Stationen zur Glättung des Kapazitätsbedarfs unter Nutzung ausgleichender Effekte

- **Zuordnung von Vormontagen:** gezielte Nutzung von kurzfristigen Überhängen an Personalkapazitäten im Band durch Vormontagetätigkeiten

- **Fließbandabstimmung:** manuelle systemunterstützte Verlagerung von Arbeitsinhalten zwischen Stationen

- **Bemessung von Gemeinkostentätigkeiten:** Verteilung von Gemeinkostentätigkeiten in Abhängigkeit tatsächlicher Überhänge an Personalkapazität in den Gruppen

- **Personaleinsatzplanung:** Taktgenaue Planung des Personaleinsatzes in Abhängigkeit des tagesaktuellen Produktionsprogramms

Um eine gemeinsame Basis für die Auswertung der Ergebnisse sicherzustellen, wurde besonderer Wert auf die nachvollziehbare und visuelle Darstellung der Ergebnisse gelegt.

6.2 Systemarchitektur

Die Gestaltung der Systemarchitektur von linelogix. erfolgte in Anlehnung an das ARIS-Konzept (vgl. [Sche 97] S. 10/17), welches die Systematisierung des Entwicklungsprozesses durch eine Unterteilung in Phasen und Komponenten ermöglicht. Dabei werden die einzelnen Komponenten eines integrierten Informationssystems, wie in Abbildung 6.1 dargestellt, in Sichten eingeteilt. Die *Datensicht* umfasst die Beschreibung der Informationsobjekte, deren Beziehungen und Zustände einschließlich ihrer Ergebnisse; die *Funktionssicht* bezieht sich auf die Darstellung der Vorgangsregeln und der Funktionshierarchie; die *Organisationssicht* beinhaltet die Beziehungen zwischen den Organisationseinheiten sowie die Schnittstelle zwischen Benutzer und System; die *Steuerungssicht* führt schließlich alle Sichten zusammen und ermöglicht die Konzeption eines integrierten Modells.

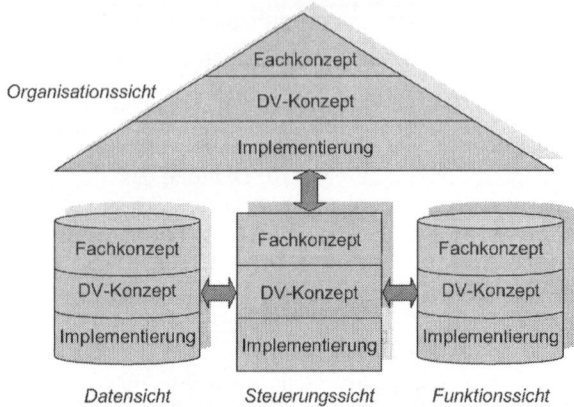

Abbildung 6.1:   Architektur integrierter Informationssysteme [Sche 98] S. 37

Innerhalb der einzelnen Sichten werden jeweils die drei Beschreibungsphasen Fachkonzept, DV-Konzept und Implementierung unterschieden. Im Rahmen des Fachkonzepts wird das zu unterstützende betriebswirtschaftliche Anwendungskonzept beschrieben. Das DV-Konzept beinhaltet die Übersetzung des Fachkonzeptes in die Begriffswelt der DV-Umsetzung; aus Funktionen werden Module definiert. Im Zuge der Implementierung wird das DV-Konzept letztendlich auf konkrete hardware- und softwaretechnische Komponenten übertragen. [Sche 97] S. 15/16

Sämtliche Sichten wurden mit Hilfe des Modellierungsstandards UML (Unified Modeling Language) abgebildet. Die Verwendung eines solchen Standards erlaubt die grafische Darstellung der jeweiligen Sichten und bildet so eine Basis für die effiziente Kommunikation zwischen den am Entwicklungsprozess beteiligten Personen.

Die Wahl der Systemkomponenten eines verteilten Informationssystems ist unter Berücksichtigung der ermittelten systemtechnischen Anforderung zu treffen. Aufgrund der im vorliegenden Fall benötigten Leistungsfähigkeit, der Möglichkeit zur visuellen Darstellung und der verteilten Nutzung empfiehlt sich der Einsatz eines dreigeteilten Systems, wie in Abbildung 6.2 dargestellt.

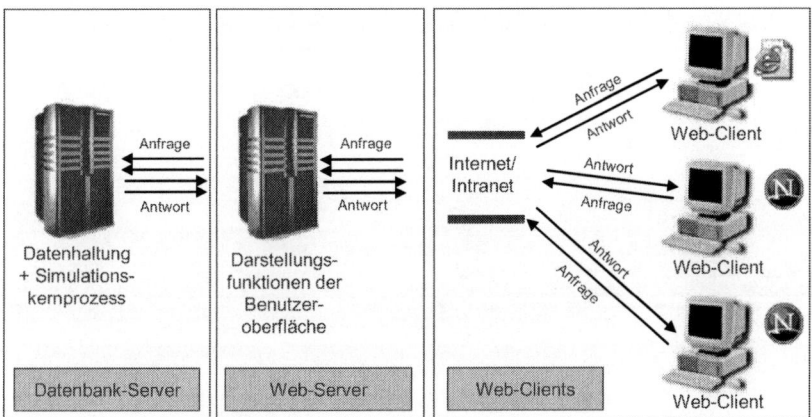

Abbildung 6.2: Systemkomponenten bei verteilter Simulation
nach [Xu 04] S. 51

Die für die Simulation erforderliche hohe Rechenleistung wird durch einen eigenständigen Datenbankserver mit integriertem Simulationskernprozess ermöglicht. Losgelöst davon werden Darstellungsfunktionen der Benutzeroberfläche auf einem Web-Server bearbeitet. Der verteilte Einsatz des Werkzeuges wird durch webbasierte Clients ermöglicht. Durch die Verbindung des Servers und der Clients über Intranet und Internet können die Funktionen des Werkzeugs auch standortübergreifend genutzt werden.

6.3 Datenmodell

Der Umfang des erforderlichen Datenmodells der linelogix-Anwendung lässt sich gemäß Abschnitt 5.4 aus dem zu simulierenden Planungsprozess ableiten. Da im vorliegenden Fall Veränderungen der Produktstruktur auf die Planungsgröße Personaleinsatz betrachtet werden sollten, waren die Planungsprozesse Bandanpassung, Fließbandabstimmung, operative Produktionsprogrammplanung, Reihenfolgeplanung und Personaleinsatzplanung mit ihren jeweiligen Planungsobjekten zu modellieren. Hinzu kamen Datenobjekte, die für die interne Steuerung der Simulation notwendig sind.

Für die Generierung des Datenmodells wurden die einzelnen Objekte zunächst in UML modelliert und strukturiert und anschließend in einer Oracle-Datenbank umgesetzt.

Die in Abschnitt 5.4 beschriebene inkrementelle Planung wurde in linelogix durch eine Unterteilung der Datenbasis in Grunddaten und in Bewegungsdaten umgesetzt. Die Unterteilung ist in Abbildung 6.3 dargestellt.

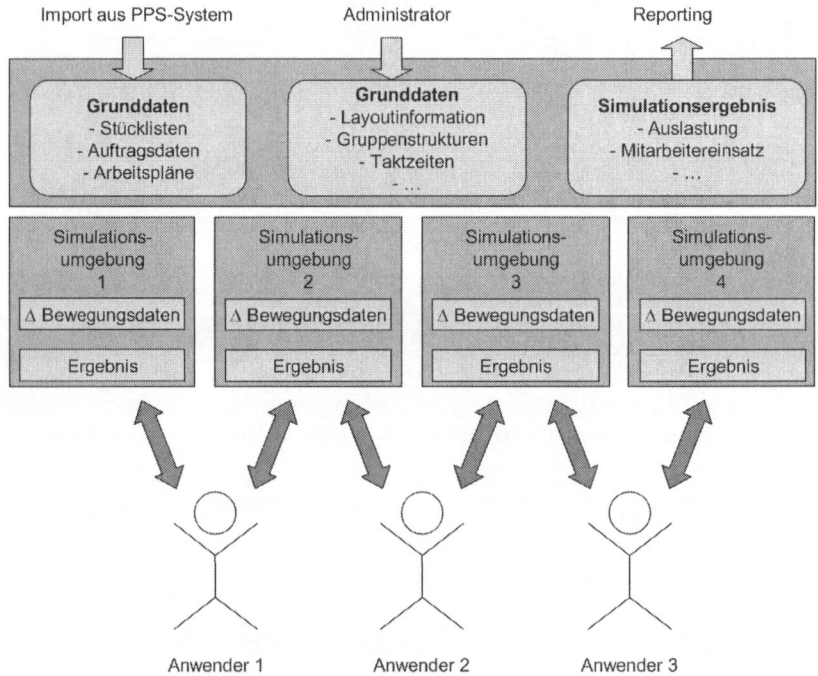

Abbildung 6.3:   Simulationsumgebungen in der Software linelogix

Der obere Teil der Abbildung stellt den Ist-Zustand des betrachteten Objektsystems dar. Die aktuellen Auftragsdaten werden über Importroutinen regelmäßig, d.h. z.B. täglich, in die Datenbank geladen und ermöglichen somit eine tagesaktuelle Simulation. Grunddaten, die nicht im PPS-System vorliegen, wie beispielsweise die aktuellen Layoutinformationen und die Gruppen-strukturen werden durch einen Administrator gepflegt. Die Ergebnisse der tagesaktuellen Simulation des Ist-Zustands bilden die Grundlage für ein Reporting. Durch das Reporting, werden nicht nur wertvolle Informationen beispielsweise zur prognostizierten Kapazitätsauslastung weitergegeben, sondern erfolgt gleichzeitig auch eine permanente Validierung des Simulationsmodells.

Der untere Teil der Abbildung stellt die vordefinierten Simulationsumgebungen dar, in diesen werden die durch die Anwender definierten Veränderungen gespeichert. Die Simulationsfunktionen stehen für jede Simulationsumgebung zur Verfügung. Datengrundlage für eine Simulation ist jeweils die Kombination des Ist-Zustands und der in der Simulationsumgebung festgelegten Veränderungen.

Diese Unterteilung erlaubt die ständige Planungsfähigkeit trotz der ständigen Veränderung der Grunddaten z.B. durch das sich täglich ändernde Produktionsprogramm.

6.4 Simulationskern

Der Simulationsprozess in linelogix entspricht einer diskreten ereignis-orientierten Simulation. Sie charakterisiert sich durch die begrenzte Anzahl an Zuständen und simulierten Objekten. Diese Art der Simulation wird in der Literatur insbesondere für die Simulation von Logistik- und Produktions-abläufen empfohlen (vgl. [Nyhu 08] S. 113) und weist im Allgemeinen folgende Komponenten auf:

Ereignisliste, auch „Ereigniskalender" oder „Event List": Diese Liste beinhaltet alle Ereignisse mit ihrem Eintrittszeitpunkt und der Bezeichnung der betroffenen Objekte. Sie wird aufsteigend nach dem Eintrittszeitpunkt sortiert.

Zustandsvariablen: beschreiben den Zustand eines spezifischen System-elements oder Objekts zu einem bestimmten Zeitpunkt

Simulationsuhr: zeichnet den aktuellen Simulationszeitpunkt auf

Zeitführungsroutine: ist für das Fortschreiten der Simulationszeit zuständig und ermöglicht die Identifikation des nächsten Ereignisses aus der Ereignisliste

Initialisierungs-/Endroutine: initialisiert den Anfangszustand des Systems mit allen Zustandsvariablen und versetzt das Simulationssystem nach dem Simulationslauf in den Endzustand

Steuerprogramm: übernimmt die Steuerung des Simulationslaufs

Das Zusammenspiel dieser Elemente kann an der konkreten Ausgestaltung im Fall linelogix anhand von Abbildung 6.4 erläutert werden.

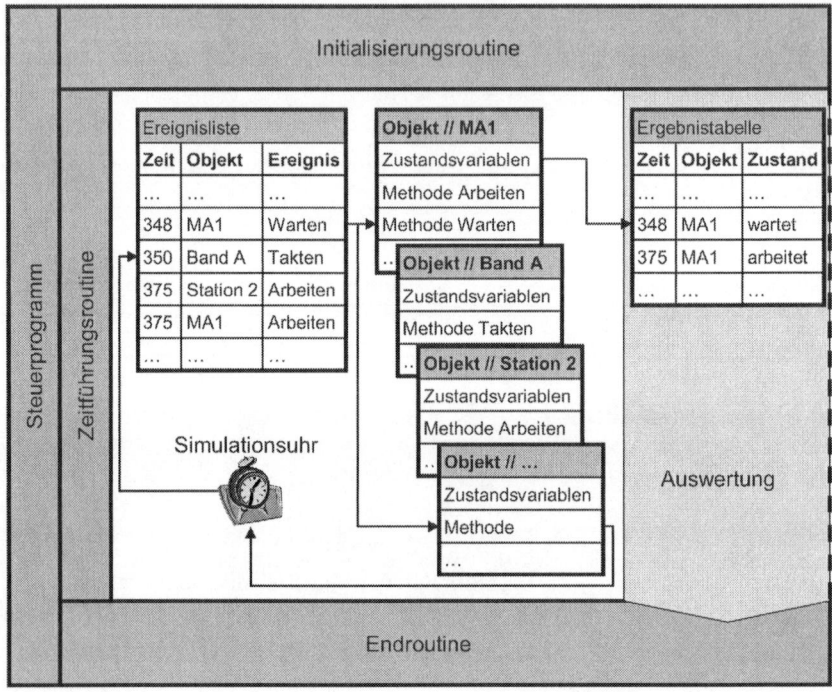

Abbildung 6.4:   Aufbau einer ereignisorientierten Simulation

Der Ablauf erfolgt in der Abbildung von oben nach unten. Das Steuerungsprogramm stößt im Simulationsverlauf drei Routinen an: Die Initialisierungsroutine, die Zeitführungsroutine und die Endroutine.

Die Initialisierungsroutine definiert den Anfangszustand des Simulationsmodells und initialisiert alle Objekte mit ihren Instanzen, beispielsweise die Station 2 als Instanz der Stationen. In der Ereignisliste werden die Ereignisse initialisiert, die entweder für den Anstoß der Simulation benötigt werden, z.B. ein erstes Takten einer Station, oder bereits vor Simulationsbeginn fest vorgegeben werden können, wie beispielsweise das Schichtende.

Die Zeitführungsroutine steuert die Abarbeitung der Ereignisse. Diese erfolgt in der ihnen zugeordneten chronologischen Reihenfolge und besteht in dem Aufruf bestimmter den Objekten zugeordneter Methoden. Diese Methoden verändern die Zustandsvariablen der Objektinstanzen, setzen beispielsweise den Zustand eines Mitarbeiters von „Warten" auf „Arbeiten" und können weitere Ereignisse zu der Ereignisliste hinzufügen. Zeitgleich werden Veränderungen der

Zustandsvariablen als Ergebnisse der Simulation protokolliert. Nach der Abarbeitung eines Ereignisses wird das nächste Ereignis ermittelt und die Simulationsuhr ggf. auf den neuen Zeitpunkt gesetzt.

Nach Abarbeitung aller Ereignisse sorgt die Endroutine für die Beendigung des Programms, sichert alle notwendigen Daten und übernimmt noch notwendige Weiterverarbeitung der Ergebnisdaten.

Für den verteilten Einsatz des Simulationstools ist neben der Bereitstellung mehrerer virtueller Simulationsumgebungen auch die parallele Verarbeitung mehrerer Simulationsprozesse von Bedeutung. Nur so kann ein gleichzeitiges Arbeiten und Planen mehrerer Benutzer ermöglicht werden. Die damit verbundenen Anforderungen an die Rechenleistung wurden durch die Implementierung des Simulationsprozesses in PLSQL auf dem Datenbankserver erfüllt.

6.5 Oberfläche

In Abschnitt 6.2 wurde die Systemarchitektur von linelogix umrissen und auf die webbasierte Benutzeroberfläche mit ihren Vorteilen hingewiesen. Im Mittelpunkt der Überlegungen bei der Gestaltung der Benutzeroberfläche steht gewöhnlich der Nutzer. Somit wurden im Vorfeld der Entwicklung die Anforderungen in Zusammenarbeit mit einem Nutzfahrzeughersteller aufgenommen und dokumentiert.

Die linelogix-Oberfläche ist durch den in Abbildung 6.5 dargestellten dreigeteilten Aufbau gekennzeichnet:

Menübaum: Das Menü auf der linken Seite dient der Navigation innerhalb der Software; es zeigt dem Nutzer eine Baumstruktur sämtlicher Eingabe-, Steuer- und Auswertemasken unter Hervorhebung der aktiven Maske.

Kopfzeile: Die Kopfzeile enthält allgemeine Angaben des Benutzers, wie beispielsweise Angaben zur Simulationsumgebung, in der er gerade arbeitet oder zu seiner Rolle.

Arbeitsbereich: In diesem Bereich werden Eingabe-, Ausgabe- und Steuermasken angezeigt, über die der Anwender Daten und Parameter eingibt, Auswertungen analysiert beziehungsweise Simulationen anstößt.

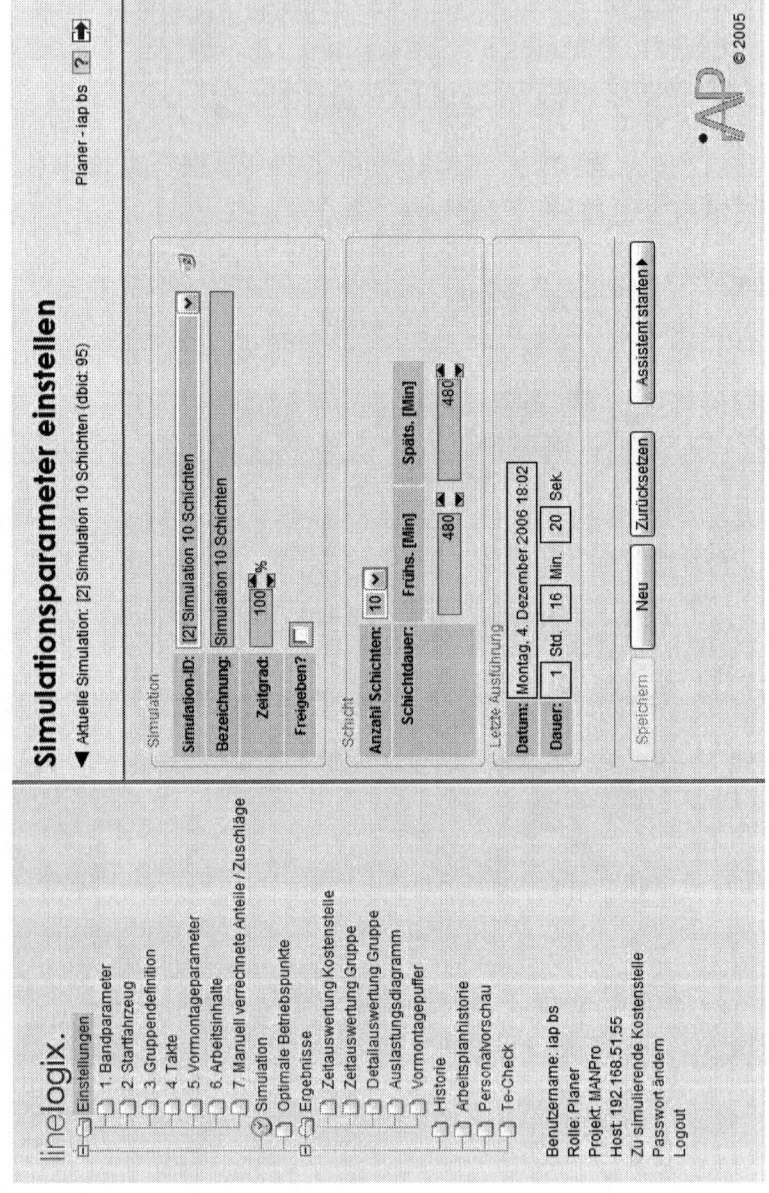

Abbildung 6.5:   Aufbau der Benutzeroberfläche von linelogix

Grundsätzlich sind in linelogix drei Rollen für den Benutzerzugriff vorgesehen: der Administrator, der Planer und der Meister.

Der Administrator übernimmt vorwiegend administrative Funktionen, die den Datenimport aus den produktiven Systemen des Unternehmens betreffen, die Benutzerverwaltung und die Konfiguration der aktuellen Produktionsparameter (Referenzzustand), anhand derer das aktuelle Produktionsprogramm simuliert wird.

Der Planer hat Zugriff auf die Simulationsumgebungen und kann innerhalb dieser die Simulationsparameter verändern und die Ergebnisse mit dem Referenzzustand vergleichen.

Der Meister hingegen hat lediglich Zugriff auf die Simulationsergebnisse, sowohl auf die des Referenzzustandes für seine eigene Personalplanung als auch auf freigegebene Ergebnisse der Planer.

Jede Rolle verfügt nach dem Zugang über unterschiedliche Masken. Für die Erläuterung der Benutzeroberfläche sollen insbesondere die Masken des Planers beschrieben werden, da sie die größte Relevanz für den Planungsprozess aufweisen.

Neben dem direkten Zugriff auf die einzelnen Masken, bietet linelogix eine Benutzerführung, die den Benutzer gezielt durch die notwendigen Konfigurationsschritte für eine Simulation führt. Im Folgenden soll ein solcher Simulationsvorgang anhand einiger exemplarischer Masken beschrieben werden. Dabei soll grundsätzlich zwischen Konfigurations-, Steuer- und Auswertungsmasken unterschieden werden.

6.5.1 Konfigurationsmasken

Grundsätzlich baut jede Simulation auf den hinterlegten Produktionsdaten auf. Diese bilden den Referenzzustand. Damit beschränkt sich die Benutzereingabe lediglich auf die Abweichung gegenüber dem Referenzzustand. Abbildung 6.6 zeigt die Konfigurationsmaske für das Bandlayout. Der Benutzer sieht das aktuelle Bandlayout mit den Stationen und den zugeordneten Arbeitsgruppen. Ausgehend hiervon können beispielsweise Stationen hinzugefügt, die Reihenfolge der Stationen verändert oder die Ausbringung des Bandes angepasst werden.

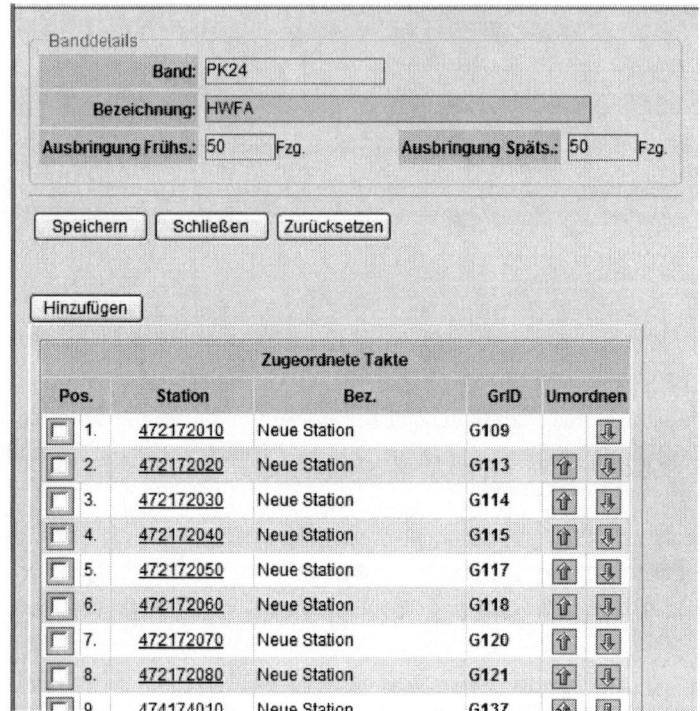

Abbildung 6.6:   Maske zur Konfiguration des Bandlayouts

Weitere im Rahmen der Simulation veränderbare Parameter gehen aus der Menüstruktur hervor (vgl. Abbildung 6.5):

Startfahrzeug: Die Reihenfolge des Produktionsprogramms wird aus dem PPS-System vorgegeben. Der Nutzer hat jedoch über die Festlegung eine Startfahrzeugs die Möglichkeit einen bestimmten vom aktuellen Tagesprogramm abweichenden Abschnitt des Produktionsprogramms zu simulieren.

Gruppen: Für die Festlegung der Zuständigkeit der Mitarbeiter werden Gruppen gebildet, denen wiederum Stationen zugeordnet werden.

Stationen[1]: Für die einzelne Station können Parameter festgelegt werden, wie z.B. die maximale Anzahl an Mitarbeitern, die gleichzeitig in der Station tätig sein können.

Vormontagen: Vormontagetätigkeiten, die entweder losgelöst vom Takt der Fertigung oder taktgebunden durch die Mitarbeiter geleistet werden, können als Vormontagestationen modelliert werden. Dabei werden Pufferkapazitäten mit berücksichtigt.

Arbeitsinhalte: Die in den Arbeitsplänen des Unternehmens beschriebenen Inhalte können verändert oder ergänzt werden.

Zuschlagstätigkeiten: Kapazitätsschwankungen ausgleichende Gemeinkosten-tätigkeiten, können für die Personalermittlung mit berücksichtigt werden. Zeiten, in denen das Band steht, wie beispielsweise Pausenzeit oder Mitarbeiterbesprechung werden von der Schichtdauer abgezogen.

6.5.2 Steuermasken

Dem Planer stehen in linelogix zwei grundsätzlich Möglichkeiten einer Simulation zur Verfügung: Simulation mit fixer Taktzeit oder mit variabler Taktzeit.

Die Simulation mit fixer Taktzeit liefert als Ergebnis den Personalbedarf und die sich daraus ergebenden Produktivitätskennzahlen. Von Interesse ist dabei insbesondere der Vergleich dieser Kennzahlen mit den Kennzahlen des Referenzzustands.

Von besonderem Interesse ist für den Variantenfließfertiger jedoch die Abhängigkeit der Produktivität von der Taktzeit. Durch die Verkürzung der Taktzeit kann die Ausbringung eines Bandes erhöht werden. Die kürzeren Taktzeiten führen auf der anderen Seite jedoch zu einem erhöhten Personalbedarf, da die Arbeitsinhalte in einem kürzeren Zeitraum bewältigt werden müssen. Einer Taktzeitveränderung sind nach oben und unten Grenzen gesetzt. Innerhalb dieser Grenzen sind die optimalen Betriebspunkte hinsichtlich der Taktzeit gesucht. Bei der Simulation mit variablen Taktzeiten werden über die Vorgabe eines Taktzeitintervalls und einer Schrittgröße alle Taktzeiten im

---

[1] Im Menü wird die Station abweichend von dem in dieser Arbeit verwendeten Begriff als Takt betitelt.

Intervall schrittweise simuliert und die Produktivitätskennzahlen in einem Diagramm dargestellt (Vgl. Abschnitt 6.5.3).

Im Verlauf der Simulation werden dem Nutzer Fortschrittinformationen angezeigt; auf eine graphische Visualisierung wurde bewusst verzichtet, da für den Planer nur das prognostizierte Verhalten des Systems interessant ist.

6.5.3 Auswertungsmasken

Der Einsatz von linelogix zielt weniger auf die Bewertung von Layout-veränderungen oder Materialflussveränderungen sondern vielmehr auf die Bewertung der Personalproduktivität als entscheidende Zielgröße der Varianten-fließfertigung ab. Dies erklärt den Verzicht auf eine graphische Visualisierung, da insbesondere die aggregierten Ergebnisse eines Simulationslaufs von Interesse sind. Für diese verdichtete Darstellung bietet linelogix über Auswertungsmasken eine Bandbreite von Möglichkeiten. An dieser Stelle sollen exemplarisch das Taktdiagramm, die Gruppenübersicht und die Personal-vorschau beschrieben werden.

Das in Abbildung 6.8 dargestellte Taktdiagramm erlaubt die taktgenaue Analyse des Kapazitätsbedarfs bezogen auf die Gruppe. Dazu werden sämtliche der Gruppe zugeordneten Arbeitsinhalte während eines Taktes summiert dargestellt. Der grundsätzliche Aufbau des Taktdiagramms wurde bereits in Abschnitt 3.2.2 beschrieben. In dieser Darstellung lassen sich Schwankungen des Kapazitäts-bedarfs einer Gruppe von Takt zu Takt sowie ungünstige Überlagerungen von Arbeitsinhalten erkennen. Das gleichzeitige Auftreten von Fahrzeugen mit hohen Arbeitsinhalten in den Stationen einer Gruppe kann beispielsweise dazu führen, dass die Arbeiten nicht innerhalb des Taktes beendet werden können. Solche „Ausreißer" müssen durch geeignete Gegenmaßnahmen, wie z.B. flexiblen Personaleinsatz beseitigt werden, da gerade bei einer synchronen Taktung die Produktivität des gesamten Bandabschnitts in Mitleidenschaft gezogen werden kann. Liegt der Kapazitätsbedarf hingegen unter der verfügbaren Kapazität entstehen in der Gruppe Wartezeiten, da die Mitarbeiter warten müssen, bis das nächste Produkt der Station zugeführt wird.

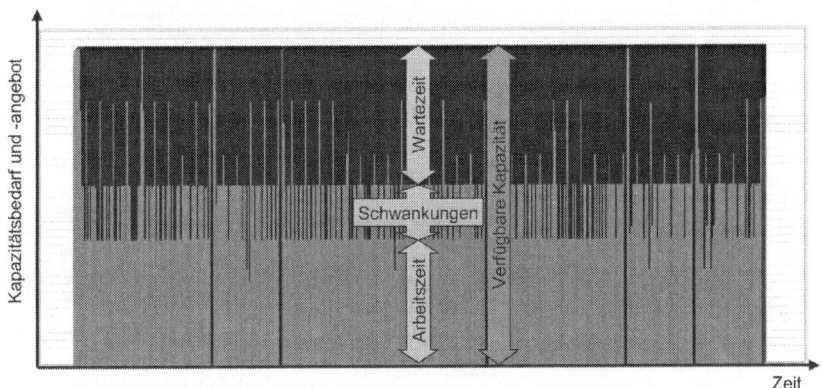

Abbildung 6.7:   Taktdiagramm in der Software linelogix

Eine Zusammenfassung der simulierten Produktivitätskennzahlen liefert die Gruppenübersicht, wie in Abbildung 6.8 dargestellt. In dieser Maske werden dem Planer alle Gruppen mit den zu erwartenden Wartezeiten, Arbeitszeiten und Kapazitätsunterdeckungen angezeigt. Insbesondere bei Verschiebungen von Arbeitsinhalten von einer Gruppe in eine Andere erlaubt diese Übersicht die Bewertung der Gesamtproduktivität.

Aus Sicht der Produktion sind neben den Produktivitätskennzahlen vorrangig die bereitzuhaltenden Mitarbeiter und deren Auslastung von Interesse. Während durch die Simulation des Referenzzustandes die kurzfristige Personalplanung am Band durch die detaillierte Vorausschau ermöglicht wird, lassen sich fabrikplanerische Veränderungen in ihren Auswirkungen auf gerade diese Vorausschau bewerten. Die Personalvorschau ist in Verbindung mit dem Taktdiagramm somit das zentrale Werkzeug, um Veränderungen aus Planungssicht und Produktionssicht zu bewerten.

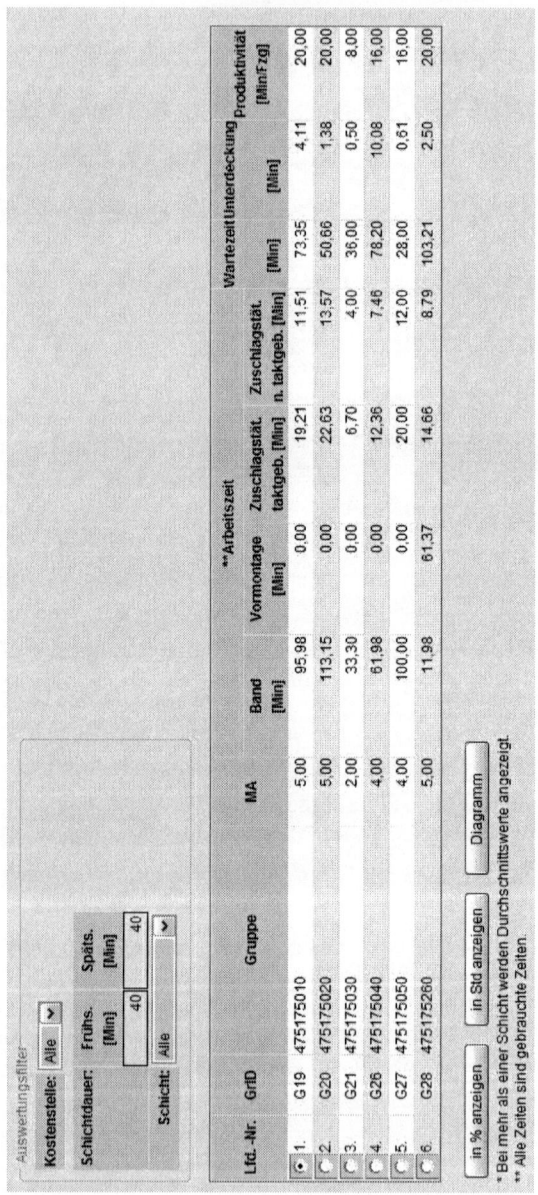

Abbildung 6.8:   *Gruppenübersicht in der Software linelogix*

Über einen Kostenstellenfilter ist es für den Benutzer möglich, gezielt nur bestimmte Kostenstellen zu simulieren. Dies bewirkt neben einer Verkürzung der Simulationslaufzeiten auch übersichtlichere Simulationsergebnisse.

6.6 Planungsablauf

Linelogix ist als integriertes Planungswerkzeug in die heutige Schnittstelle zwischen Fabrikplanung und Produktionsplanung einzugliedern. Die gemeinsame Nutzung des Modells durch Fabrikplanung und Produktionsplanung bringt zwei entscheidende Vorteile mit sich.

Das Modell wird kontinuierlich durch die Produktionsplanung validiert, da für die Personaleinsatzplanung jederzeit gültige Planungsdaten zur Verfügung stehen müssen. Die Produktion als Informationsnehmer bildet das letzte Glied im Planungsprozess.

Die Bewertung fabrikplanerischer Veränderungen anhand realer Produktionsdaten erlaubt dem Fabrikplaner im Vergleich zur Nutzung von repräsentativen Daten nicht nur wesentlich genauere Ergebnisse, sondern zudem die Beobachtung seines Planungsszenario über einen längeren Zeitraum. So können gegebenenfalls noch vor der Umsetzung Anpassungen vorgenommen werden.

Neben den speziellen Vorteilen aus Sicht der Produktionsplanung und der Fabrikplanung schafft linelogix zudem die Basis für den Dialog der Prozessbeteiligten. Das Auslastungsdiagramm wird damit zum zentralen Werkzeug für die kontinuierliche Verbesserung. Hierzu müssen jedoch geeignete Vorgehensweisen und Leitlinien geschaffen werden, um in der Variantenfließfertigung Verbesserungen zu erzielen.

7 Vorgehen zur Fließbandabstimmung

Unternehmen sind oftmals nicht in der Lage die Zuordnungsrestriktionen von Arbeitsgängen zu Stationen für alle Varianten zu beschreiben (vgl. Abschnitt 4.2). Eine Fließbandabstimmung mittels mathematischer Optimierungsverfahren ist somit nicht möglich. Im vorliegenden Abschnitt soll anhand grundsätzlicher mathematischer Zusammenhänge ein Vorgehen entwickelt werden, das für die Abstimmung von Fließbändern herangezogen werden kann. Dabei soll auch die Eignung für eine spätere Reihenfolgeplanung Berücksichtigung finden.

Ein Konflikt der Planung besteht darin, dass zu dem Zeitpunkt der Fließbandabstimmung ein konkretes Produktionsprogramm und insbesondere die Reihenfolge nicht bekannt sind. Die Reihenfolge hat jedoch bedeutenden Einfluss auf die gemeinsame Zielsetzung maximaler Produktivität. Da eine kurzfristige Anpassung der Fließbandabstimmung in Abhängigkeit der Reihen-folge nur bedingt möglich ist, sind entsprechende Handlungsmaximen für die Fließbandabstimmung zu bilden, die die spätere Reihenfolgebildung erleichtern.

7.1 Grundmodell der Personalplanung in der Variantenfließfertigung

Betrachtet man die Auswirkungen der Varianz aus der Sicht der Personaleinsatz-planung, so wird deutlich, dass neben den durchschnittlichen an einer Arbeitsstation anfallenden Tätigkeiten – gemessen in Vorgabeminuten – die Varianz dieser Tätigkeiten eine entscheidende Rolle spielt. Da das Kapazitätsangebot in der Regel nicht von Takt zu Takt angepasst werden kann, ist bei der Bereitstellung der Ressourcen jeweils vom Spitzenbedarf in der Planungsperiode auszugehen. Abbildung 7.1 stellt ein Taktdiagramm mit schwankendem Kapazitätsbedarf dar. Der Spitzenbedarf im betrachteten Zeitabschnitt tritt in Takt 2 auf und legt damit die erforderliche Kapazität fest. Das Kapazitätsangebot wird jedoch durch die Anzahl der Mitarbeiter bestimmt, die für die Bearbeitung der Arbeitsinhalte zur Verfügung stehen. Da nur ganzzahlige Mitarbeiter bereitgestellt werden können, kann das Kapazitäts-angebot nur in bestimmten Stufen festgelegt werden. Aus den vorangegangenen Ausführungen folgt, dass die Schwankungen und insbesondere der Spitzenbedarf die resultierende Kapazitätsauslastung maßgeblich beeinflussen.

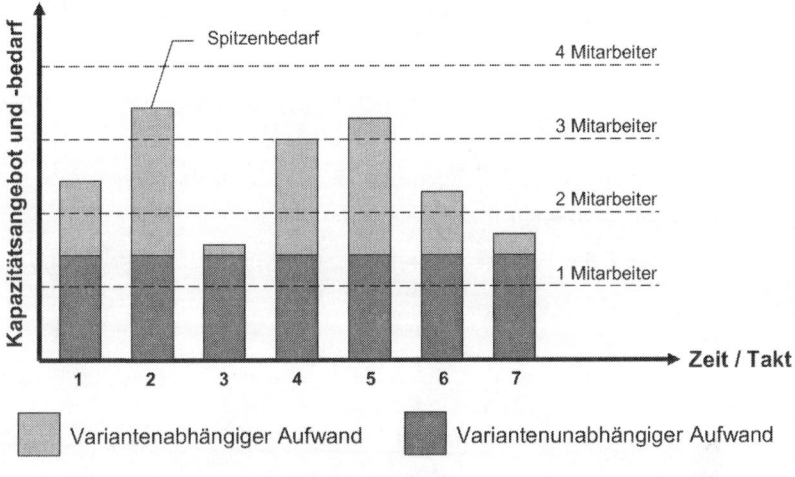

Abbildung 7.1: Kapazitätsbedarf einer Station im Zeitverlauf

Unabhängig von den zugrunde liegenden technischen Ausprägungen einer Variante können die Arbeitsinhalte, wie in Abbildung 7.1 dargestellt, in variantenabhängige und variantenunabhängige Anteile aufgeteilt werden. Werden beispielsweise zwei verschiedene Autoradios in ein Fahrzeug eingebaut, so sind dies technisch zwar zwei Varianten, der Aufwand für den Einbau kann jedoch der gleiche und damit variantenunabhängig sein.

In der Variantenfließfertigung kann das Kapazitätsangebot durch eine Erhöhung der Mitarbeiterzahl bei unveränderter Taktzeit angehoben werden. Das Kapazitätsangebot kann somit von Station zu Station variieren. Rechnerisch entspricht dies einer Parallelisierung der Station. Diesem Vorgehen sind jedoch aufgrund von Restriktionen wie beispielsweise der Teilbarkeit von Arbeitsinhalten oder des verfügbaren Platzes an einer Station Grenzen gesetzt.

7.2 Leitlinien der Fließbandabstimmung

Ausgehend von dem Grundmodell der Personalplanung in der Variantenfließfertigung sollen in diesem Abschnitt die Leitlinien für die Fließbandabstimmung erarbeitet werden. Aus diesen Leitlinien ergibt sich ein sequentielles Vorgehen in fünf Schritten.

7.2.1 Differenzierung von Arbeitsinhalten

Eine der häufigsten Zielsetzungen mathematischer Modelle für die Fließband-abstimmung ist die Minimierung von Arbeitszeitschwankungen (vgl. u.a. [Link 92], [Doms 97], [Thom 70]). Die im Rahmen der quantitativen Betriebs-wirtschaftslehre eingesetzten Optimierungsmodelle zielen im Allgemeinen auf die Minimierung der mittleren Abweichung ab.

Link formuliert beispielsweise diese Zielstellung für ein Band mit m Stationen in der Form

$$\sum_{j=1}^{m} \left| T - t_j \right| \rightarrow Min$$

d. h. gesucht wird diejenige Verteilung der Arbeitsinhalte t auf die m Stationen, bei der sich in Summe über alle Stationen die geringste absolute Differenz zwischen dem Arbeitsinhalt t der einzelnen Station j und der Taktzeit T einstellt. Weitere Zielfunktionen anderer Autoren sind in Tabelle 7.1 zusammengefasst.

Tabelle 7.1: Zielfunktionen der Fließbandabstimmung

Autor	Zielfunktion	Erläuterung
Domschke et al. (1996)/ Klein 94	$\sum_{k=1}^{m}\sum_{v=1}^{p} \max\{0, \tau_{kv} - C\} \rightarrow Min$	Minimierung der Summe der Taktzeitüberschreitungen
Link (1992)	$\sum_{k=1}^{m}\sum_{v=1}^{p} \max\{\tau_{kv} - \bar{\tau}_v\} \rightarrow Min$	Minimierung der Summe der maximalen Abweichungen vom mittleren Arbeitsinhalt je Station einer Variante
Thomopolous (1970)	$\sum_{k=1}^{m}\sum_{v=1}^{p} \left|\tau_{kv} - \bar{\tau}_v\right| \rightarrow Min$	Minimierung der Summe aller Abweichungen vom mittleren Arbeitsinhalt einer Variante
Legende	m Anzahl Stationen p Anzahl Varianten C Taktzeit	k Index Station v Index Variante τ Arbeitsinhalt

So zielen Domschke et. al. beispielsweise auf die Minimierung der Summe aller Taktzeitüberschreitungen ab, wohingegen Link nur die Summe der maximalen Taktzeitüberschreitungen betrachtet. Für Thomopolous sind dagegen sowohl Abweichungen nach oben als auch nach unten relevant.

Allen Ansätzen ist die undifferenzierte Betrachtung aller Stationen gemein, d.h. vorhandene Schwankungen werden möglichst gleichmäßig auf alle Stationen verteilt. Aus arbeitsorganisatorischer Sicht und aus mathematischer Sicht ist eine solche undifferenzierte Betrachtung nachteilig.

Die Sinnhaftigkeit der Zusammenfassung variantenabhängiger Inhalte wird deutlich, wenn man das Verhalten der mittleren Abweichung bei Addition betrachtet. Während für die Varianz bei normalverteilten Größen A und B gilt

$$\text{Varianz (A)} + \text{Varianz (B)} = \text{Varianz (A+B)}$$

verhält sich die mittlere Abweichung selbst nicht additiv. Vielmehr gilt

$$\text{mittl. Abweichung (A)} + \text{mittl. Abweichung (B)} > \text{mittl. Abweichung (A+B)}$$

Die Zusammenfassung variantenabhängiger Inhalte führt somit in Summe zu einer geringeren mittleren Abweichung. Dieser Sachverhalt wird durch das in Abbildung 7.2 dargestellte Beispiel verdeutlicht.

Betrachtet man den Zustand vor der Zusammenfassung, so enthalten Station 1 und Station 2 beide Arbeitsinhalte mit einem Mittelwert von 10 Minuten pro Takt. Die mittlere Abweichung beträgt in Station 1 3 Minuten und in Station 2 5 Minuten. Die Varianz beträgt 9 Minuten^2 in der Station 1 und 25 Minuten^2 in der Station 2. Nach der Zusammenfassung ist die gesamte Varianz in Station 2 vorzufinden. Die Summe hat sich gegenüber dem Ausgangszustand jedoch nicht verändert. Auch die mittleren Arbeitsinhalte sind in dem betrachteten Zahlenbeispiel unverändert. Die mittlere Abweichung beträgt jedoch nur noch 5,8 Minuten in Station 2 im Vergleich zu einer aufsummierten mittleren Abweichung von 8 im Ausgangszustand. Die mittlere Abweichung der Arbeitsinhalte in Station 1 beträgt nach der Zusammenfassung 0.

Eine Zusammenfassung variantenabhängiger Inhalte ist unter der Prämisse gleicher durchschnittlicher Arbeitszeiten pro Station nur durch eine Trennung variantenabhängiger und variantenunabhängiger Tätigkeiten möglich. Diese bringt neben der Glättung des Kapazitätsverlaufs bezogen auf die Stationen weitere Vorteile mit sich.

	Vorher		Nachher	
	Station 1	Station 2	Station 1	Station 2
Ø Arbeits-inhalt / [Min]	10	10	10	10
Mittlere Ab-weichung/ [Min]	3	5	0	5,8
Varianz / [Min²]	9	25	0	34
Takt-diagramm (Kapazitäts-bedarf über Zeit)	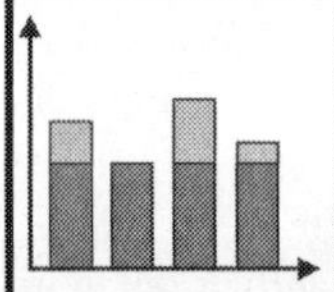	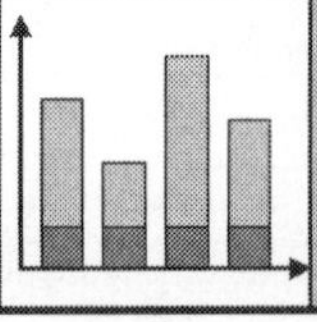	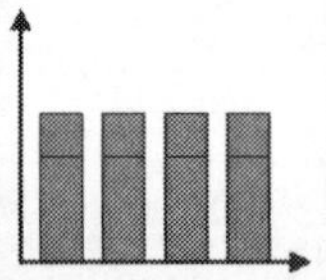	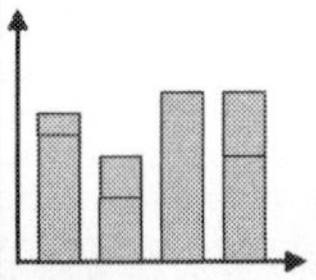

Abbildung 7.2:   Mittlere Abweichung bei Zusammenfassung variabler Arbeitsinhalte

Aus Sicht der Arbeitsorganisation lassen sich Stationen differenzieren, die unabhängig von der Produktreihenfolge jeweils die gleichen – oder zumindest aufwandsgleichen – Tätigkeiten zur Aufgabe haben. Dies entspricht der klassischen Fließfertigung und bietet damit auch die uneingeschränkten Vorteile dieser Fertigungsform, u.a.:

- Lernkurveneffekte

- Schnelles Anlernen

- geringe notwendige Qualifikation

Die Stationen mit variablen Inhalten hingegen zeichnen sich durch flexible Fertigungseinrichtungen aus.

Auch aus Sicht der Reihenfolgeplanung hat diese Differenzierung der Stationen einen Vorteil, da in Summe weniger Stationen von der Produktreihenfolge betroffen sind. Damit wird die Bildung einer geeigneten Reihenfolge einfacher.

Diese Erkenntnisse lassen sich zu einer ersten Leitlinie zusammenfassen, die unter der Vorraussetzung hoher Variantenvielfalt gilt:

| **Leitlinie 1:** |
| Differenzierung von variantenabhängigen und variantenunabhängigen Arbeitsinhalten und Zusammenfassung der variantenabhängigen Arbeitsinhalte |

Die Unterscheidung von variantenabhängigen und variantenunabhängigen Stationen macht eine Klassifizierung der betrachteten Stationen notwendig. Die Einteilung sollte in zwei Klassen erfolgen: Standardstationen und Sonderstationen.

Standardstationen enthalten variantenunabhängige Arbeitsinhalte. Sonderstationen enthalten variantenabhängige Arbeitsinhalte.[2]

7.2.2 Ganzzahligkeit und Taktzeit

Die Kapazitätsauslastung von Stationen, in denen die Verrichtung von variantenunabhängigen Inhalten erfolgt, weist eine starke Abhängigkeit von der Taktzeit auf. Betrachtet man die Kapazitätsauslastung einer einzelnen Station mit fest vorgegebenen Arbeitsinhalten in Abhängigkeit der Mitarbeiterzahl bei sinkender Taktzeit, so ergibt sich eine Sägezahnkurve. Abbildung 7.3 zeigt den Verlauf für eine Beispielstation mit einem konstanten Arbeitsinhalt von 10 Vorgabeminuten. Bei einer Taktzeit über 10 Minuten kann die Station von einem Mitarbeiter bedient werden. Die Auslastung des Mitarbeiters steigt mit sinkender Taktzeit stetig an und erreicht bei einer Taktzeit von genau 10 Minuten das Maximum. Bei einer Reduzierung der Taktzeit unter 10 Minuten ist ein weiterer Mitarbeiter nötig, um den Arbeitsinhalt innerhalb der Taktzeit zu erledigen. Die Auslastung fällt sprungartig auf 50% und steigt mit sinkender Taktzeit wieder an, um bei einer Taktzeit von 5 Minuten ein weiteres Maximum zu erreichen.

Eine hohe Kapazitätsauslastung und damit auch hohe Produktivität ist in einer Station somit dann zu erreichen, wenn die Arbeitsinhalte, Taktzeit und Mitarbeiterzahl genau aufeinander abgestimmt sind, d.h. wenn der Umfang der Arbeitsinhalte einem ganzzahlig Vielfachen der Taktzeit entspricht. Diese

---

[2] In der Realität werden beide Stationen aufgrund von Restriktionen nur selten in ihrer reinen Form auftreten.

Voraussetzung kann nur für Stationen erfüllt werden, die in allen Takten äquivalente Arbeitsinhalte aufweisen. Bezogen auf die Arbeitinhalte sind Überschreitungen der Taktzeit ungünstiger als Unterschreitungen, da sie nach Kapazitätsanpassung zu einem sprunghaften Abfall der Kapazitätsauslastung führen.

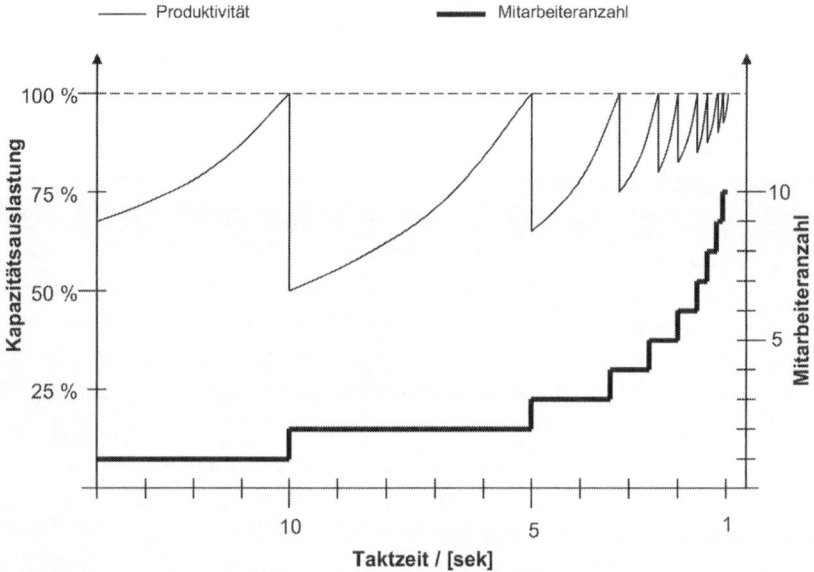

Abbildung 7.3:   Produktivitätseffekte bei Taktzeitveränderungen

Erweitert man die Betrachtung auf mehrere Stationen in einem synchron getakteten Band, so ergibt sich eine Überlagerung mehrerer Sägezahnkurven. Die Produktivitätsmaxima liegen nicht für alle Stationen bei den gleichen Taktzeiten. Dies macht deutlich, dass eine Veränderung der Taktzeit, die der Fließbandabstimmung zugrunde liegt, nicht ohne weiteres möglich ist.

Folglich dürfen Taktzeiten nicht beliebig gewählt werden, sondern müssen sich an den Arbeitsinhalten ausrichten. Anpassungen der Produktionsmenge sollten somit über Arbeitszeitmodelle und nicht über Taktzeitverkürzungen erfolgen. Eine Ausnahme bilden durchgängig umgesetzte Prozessverbesserungen, die eine verkürzte Taktzeit mit der gleichen Mitarbeiteranzahl ermöglichen.

Die vorangegangenen Ausführungen lassen sich in einer weiteren Leitlinie zusammenfassen:

Leitlinie 2:

100%ige Auslastung der Stationen auf Basis einer fest definierten Taktzeit

Betrachtet man die Sensitivität der Produktivität gegenüber der Taktzeit, so wird deutlich, dass eine Austaktung insbesondere bei geringen Taktzeiten zu deutlichen Schwankungen in der Produktivität führt.

Die volle Auslastung einer Station mit variantenunabhängigen Inhalten kann gegebenenfalls auch durch kleinere Anteile variantenabhängiger Inhalte erfolgen, wenn gleichzeitig flexibilisierende Maßnahmen ergriffen werden. Shimon empfiehlt bei Varianz in einer Station lediglich die asynchrone Taktung und damit die Entkopplung einzelner Stationen [Shim 97] S. 203. Darüber hinaus gibt es jedoch noch weitere Möglichkeiten, wie die Einrichtung von Arbeitspuffern unter Beibehaltung der synchronen Taktung, z.B. in Form von Vormontagen neben dem Band oder durch das Mitwandern der Mitarbeiter am Band.

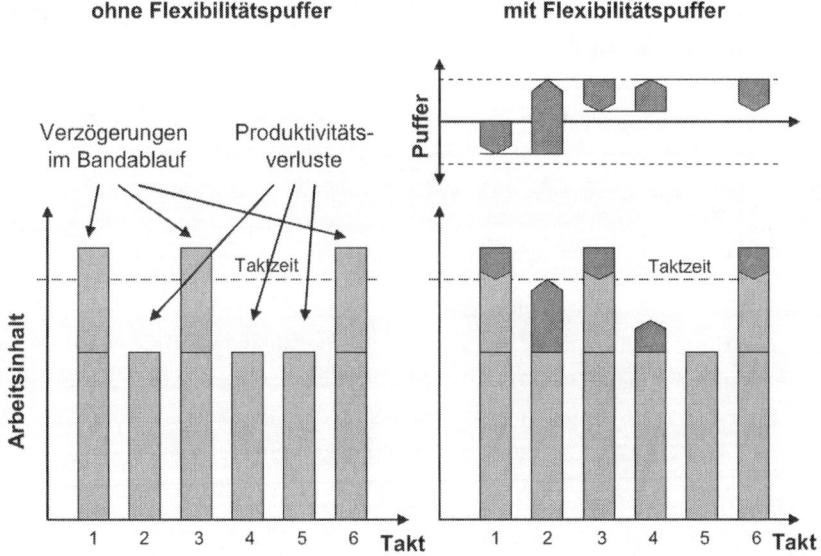

Abbildung 7.4:   Flexibilisierungspuffer

Abbildung 7.4 zeigt, wie durch eine solche Flexibilisierung Verzögerungen im Band oder Produktivitätsverluste auf Mitarbeiterseite verhindert werden können. Im Fall einer fixen Taktzeit können Schwankungen nicht ausgeglichen werden, selbst wenn die durchschnittlichen Arbeitsinhalte unterhalb der Taktzeit liegen. So kommt es in Takt 1, 3 und 6 zu Verzögerungen im Bandablauf, die sich auch auf alle anderen Stationen auswirken. In den Takten 2, 4 und 5 hingegen bleiben Ressourcen ungenutzt. Ein Flexibilitätspuffer erlaubt ein Vorarbeiten oder ein Nachziehen von Arbeitsinhalten innerhalb gewisser Grenzen. Während in Takt 1 ein Teil des Arbeitsinhaltes aus dem Puffer (z.b. vorbereitetes Teil) befriedigt wird, kann in Takt 2 ein Teil der Taktzeit für das Auffüllen des Puffers verwendet werden. Die Nutzung der Ressourcen wird durch die Grenzen des Puffers eingeschränkt (z.b. begrenzter Platz oder begrenztes Material im Zulauf), wie für Takt 5 dargestellt.

7.2.3 Glätten durch Zusammenfassen

Die Differenzierung von Stationen nach der Variantenabhängigkeit ihrer Arbeitsinhalte erleichtert die Komplexitätsbeherrschung in der Variantenfließfertigung. Während Abschnitt 7.2.2 letztendlich den starren tayloristischen Ansatz der Fließfertigung beschreibt, sind für die Variantenbeherrschung in Stationen mit stark variantenabhängigen Arbeitsinhalten andere Methoden notwendig. In Abschnitt 7.2.1 wurde bereits dargestellt, wie das Zusammenfassen von Arbeitsinhalten zu einer Reduzierung der Schwankungen führen kann. Der gleiche Ansatz lässt sich auch auf das Zusammenfassen von Stationen übertragen.

Eine Zusammenfassung von Stationen erfolgt in der Praxis durch die Erweiterung der Zuständigkeit eines Fertigungsteams. Auch Hackstein weist auf diese Möglichkeit der reduzierten Arbeitsteilung im Zuge der Variantenfließfertigung hin [Hack 98] S. 194. Während die Arbeitsinhalte bisher nur in einer Station ausgeführt wurden, stehen der Gruppe nun zwei Stationen, d.h. zwei Takte für die Bearbeitung eines Produktes zur Verfügung.

Diese Erkenntnisse lassen sich in einer dritten Leitlinie zusammenfassen:

Leitlinie 3:

Gruppen über mehrere Stationen zusammenfassen

Durch die Zusammenfassung ergeben sich zwei Effekte:

1) Durch die Zusammenfassung kompensieren sich in einigen Takten große Arbeitsinhalte in einer Station mit kleinen Arbeitsinhalten in einer anderen Station. Die mittlere Abweichung der Arbeitsinhalte sinkt nach den bereits beschriebenen mathematischen Gesetzmäßigkeiten.

2) Durch die Erweiterung des Zuständigkeitsbereichs wird die Bindung der Gruppe an die Taktzeit gelockert, da Tätigkeiten unter bestimmten Bedingungen vorgezogen oder nachgezogen werden können.

Insbesondere der zweite Effekt ist stark von den Gegebenheiten der Produktion abhängig. Sind bestimmte Arbeitsinhalte beispielsweise durch Materialbereitstellung oder Handhabungsgeräte an bestimmte Stationen gebunden, so ist die zusätzliche Flexibilität eingeschränkt.

Darüber hinaus sind die Laufwege zwischen Stationen bei einer Zusammenfassung zu berücksichtigen; diese nicht wertschöpfenden Zeiten begrenzen den sinnvollen Zuständigkeitsbereich der Gruppe meist auf wenige Stationen. Neben rein wirtschaftlichen Aspekten sind bei häufigen Arbeitsplatzwechseln auch die psychische und physische Belastung der Mitarbeiter sowie hohe Anforderungen an Ergonomie und Arbeitsschutz zu beachten [Saur 96] S. 134.

Werden Gruppen mit variantenunabhängigen Arbeitsinhalten zusammengefasst, ergibt sich zumindest ein Vorteil durch die Größe der Gruppe. Wie aus Abbildung 7.3 ersichtlich wird, ist die Produktivität durch geringere Rundungseffekte bei der Mitarbeiterzahl tendenziell höher.

7.2.4 Kompensieren durch Nebentätigkeiten

Insbesondere in Gruppen mit stark variantenabhängigen Arbeitsinhalten kann ein bedeutender Anteil der Taktzeit ungenutzt bleiben. In Extremfällen können auch Takte ohne jegliche Arbeitsinhalte in einer Station auftreten, wenn das Produkt eine gewisse Variantenausprägung aufweist. Diese Wartezeiten sollten durch geeignete Maßnahmen sinnvoll genutzt werden.

Für die

Leitlinie 4:

Kompensation von Wartezeiten durch Nebentätigkeiten

bieten sich alle Tätigkeiten an, die nicht taktgebunden sind, wie beispielsweise:

- Gemeinkostentätigkeiten

- Vormontagetätigkeiten

- Nacharbeiten

Vor diesem Hintergrund sind Bestrebungen im Rahmen der synchronen Fertigung Vormontageinhalte aus taktgebundenen Fertigungslinien herauszuziehen, um die Produktion schlanker zu gestalten, nur dann sinnvoll, wenn die bestehende Variantenvielfalt gering ist oder geeignete Maßnahmen zur Variantenbeherrschung ergriffen werden.

7.2.5 Sequenzierung für Problemgruppen

Die Reihenfolgebildung in der Variantenfließfertigung wird mit zunehmender Anzahl an Restriktionen immer ineffektiver. Dies führt in vielen Fällen zur Notwendigkeit von Resequenzierungspuffern, Puffer die es ermöglichen, die Fahrzeugreihenfolge zwischen zwei Bandabschnitten geringfügig zu verändern. Sämtliche bisher vorgestellten Leitlinien zielen darauf ab, Abhängigkeiten von der Reihenfolge zu reduzieren. Während Standard-Stationen völlig unabhängig von der Variantenausprägung sind, können Stationen mit ausreichend Neben-tätigkeiten ihre Abhängigkeit kompensieren. Damit kann die Anzahl an Restriktionen gesenkt und die Reihenfolgebildung als gezieltes Instrument für die verbleibenden kritischen Stationen oder Gruppen verwendet werden. Damit gilt als letzte Leitlinie:

Leitlinie 5:

Sequenzierung für verbleibende Problemgruppen

7.3 Leitlinien im Überblick

Die erarbeiteten Leitlinien sind in ihrem Zusammenspiel als sequentielle Vorgehensweise zu verstehen, um die zunehmende Variantenvielfalt in der Fließfertigung zu beherrschen. Damit werden die existenten mathematischen Verfahren zur Fließbandabstimmung keineswegs ersetzt; vielmehr ist das vorgestellte Vorgehen dann sinnvoll, wenn die vollständige Datenbasis für ein mathematisches Lösungsverfahren nicht vorliegt.

Tabelle 7.2: Fünf Leitlinien zur Fließbandabstimmung

	Sonderstationen	Standardstationen
1.	Differenzierung von variantenabhängigen und variantenunabhängigen Arbeitsinhalten und Zusammenfassung der variantenabhängigen Arbeitsinhalte	
2.		100%ige Auslastung der Stationen auf Basis einer fest definierten Taktzeiten
3.	Gruppen über mehrere Stationen zusammenfassen	
4.	Kompensation von Wartezeiten durch Nebentätigkeiten	
5.	Sequenzierung für verbleibende Problemgruppen	

Die Leitlinien sind in der Tabelle 7.2 in der anzuwendenden Reihenfolge dargestellt. Grundsätzlich gilt für die Variantenfließfertigung, dass der Anteil variabler Arbeitsinhalte über geeignete Modularisierung gering gehalten werden sollte (vgl. auch [Domb 06] S. 716).

8 Anwendungsbeispiele in der Nutzfahrzeugbranche

In den vorangegangenen Kapiteln 5 bis 7 wurden, wie in Abbildung 8.1 dargestellt, als Antwort auf den identifizierten Handlungsbedarf zwei Lösungsbausteine erarbeitet:

1. Das Planungswerkzeug linelogix, welches den in Kapitel 5 ermittelten Anforderungen an ein integriertes Planungswerkzeug entspricht, und

2. die Leitlinien zur Fließbandabstimmung.

Im Folgenden sollen zwei Fallstudien aus der Nutzfahrzeugbranche vorgestellt werden, in denen die erarbeiteten Leitlinien und das Werkzeug linelogix zum Einsatz gekommen sind.

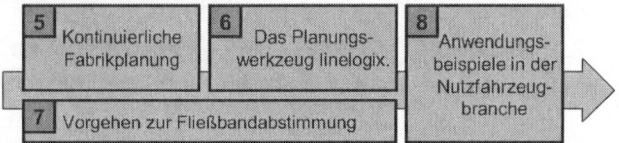

Abbildung 8.1:   Anwendung der erarbeiteten Lösungsbausteine auf die Praxis

Zunächst werden dazu in Abschnitt 8.1 die Grundlagen der Nutzfahrzeuge beschrieben, um die Relevanz der Branche als einen der wesentlichen Anwendungsfälle für das erarbeitete Vorgehen hervorzuheben.

8.1 Grundlagen und Historie der Nutzfahrzeuge

Der Begriff „Nutzfahrzeug" wird in der Literatur nicht einheitlich definiert. Die Definitionen weisen jedoch große Überschneidungen auf. So beschreibt der Duden das Nutzfahrzeug im Rahmen des Verkehrswesens als „Kraftfahrzeug, das zur Beförderung von Gütern oder Personen genutzt wird" [Dude 06]. In der Fachliteratur wird der Begriff Nutzfahrzeug gleichbedeutend mit den Begriffen Lastkraftwagen und Omnibus verwendet [VDI 05] S. 181. Diese Begriffsverwendung wird auch dadurch unterstrichen, dass Hersteller dieser beiden Fahrzeugklassen teilweise den Begriff „Nutzfahrzeug" in ihrer Unternehmensbezeichnung tragen, wie beispielsweise die MAN Nutzfahrzeuge AG oder die Volkswagen Nutzfahrzeuge AG.

Abbildung 8.2 gibt einen Überblick über die Einordnung des Nutzkraftwagens aus Sicht des deutschen Instituts für Normung. Dieses definiert die Nutzkraftwagen als Teilmenge der Kraftfahrzeuge und zählt neben Lastkraftwagen und Omnibussen auch Zugmaschinen und Sonderfahrzeuge dazu. [DIN 01] S. 2/8. Das Kraftfahrtbundesamt hingegen schließt in seinen Statistiken die Sonderfahrzeuge aus. [KBA 09] S. 5. Eine ähnliche Definition auch unter Ausschluss der Sonderfahrzeuge nimmt Schnell in Anlehnung an eine interne Publikation der Daimler-Benz AG vor [Schn 86] S.8.

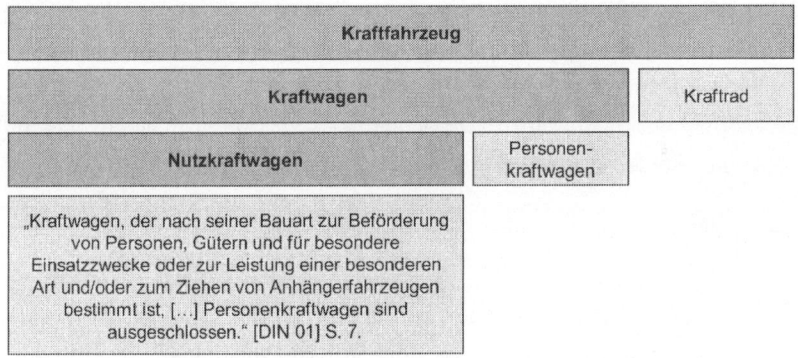

Abbildung 8.2:   Einordnung der Nutzfahrzeuge

Im Rahmen dieser Arbeit sind insbesondere die Produktstruktur und die Komplexität der betrachteten Fahrzeuge von Interesse.

Selbst wenn man die Betrachtung auf die von Verbrennungsmotoren angetriebenen Fahrzeuge einschränkt, blickt die Branche der Nutzfahrzeuge auf eine mehr als 100jährige Geschichte zurück. [Kfzt 06]. Bereits 1895 baute Karl Benz den ersten Lastkraftwagen und ersetzte damit die bis dahin existierenden dampfmaschinengetriebenen Fahrzeuge. Noch im gleichen Jahr entstand auf der Basis des Lastkraftwagens der erste Bus der Geschichte. Weitere Pionierleistungen waren die Einführung von Luftreifen, des Kardanantriebs und der Druckluftbremse [Hoep 04] S. 1/2. Die Differenzierung des europäischen vom nordamerikanischen Lastkraftwagenbau ist auf einen regulierenden Eingriff in den 50er Jahren zurückzuführen; aufgrund des hohen Verkehrsaufkommens auf den Autobahnen wurde eine Längenbegrenzung für Lastzüge eingeführt. Diese führt zu der typischen kurzen Bauweise der Fahrerhäuser europäischer Lastkraftwagen im Gegensatz zu nordamerikanischen Lastkraftwagen.

Seit den achtziger Jahren lässt sich in der gesamten Automobilindustrie ein starker Anstieg der Variantenvielfalt beobachten, wobei die Komplexität eines Nutzfahrzeugs noch über der eines Personenkraftwagens liegt [Webe 02] S. 4/5. Zur Jahrtausendwende profitiert die Nutzfahrzeugbranche von der zunehmenden Globalisierung. Insbesondere die Nachfrage an Transportfahrzeugen nimmt stark zu. So hat sich beispielsweise die Anzahl der Neuzulassungen von Sattelzugmaschinen in Deutschland von 1994 bis 2004 nahezu verdreifacht. Das gestiegene Transportaufkommen führt der VDA unter anderem auch auf die EU-Erweiterung zurück [VDA 05] S. 39.

Heute tritt die Nutzfahrzeugindustrie aufgrund hoher Anforderungen als Innovationsträger auf [Gott 06]. Ein Beispiel ist der Einsatz von Harnstoff zur Reduktion von Emissionen und die damit verbundene Erfüllung der Euro 5 Abgasnorm. Unter dem Namen AdBlue wird diese Technologie bereits seit 2005 in Nutzfahrzeugen eingesetzt [Welt 06].

8.2 Anwendungsbeispiele von Werkzeug und Systematik

Die Nutzfahrzeugbranche gehört zu den Branchen, die die Varianten-fließfertigung nutzen, um den hohen Grad an Kundenindividualität abzubilden, den der Markt fordert. Sie bietet sich somit als Untersuchungsgegenstand an, um die erarbeiteten Methoden und Werkzeuge zu überprüfen.

8.2.1 Fallbeispiel 1: Optimierung des Rahmenbaus in einer LKW-Montage

Am betrachteten Standort werden neben Stadt- und Reisebussen sowie Komponenten für den gesamten Nutzfahrzeugbereich vor allem LKWs montiert. Im Rahmen einer konzernweiten Restrukturierung der Fertigungsschwerpunkte und Produktzuordnungen sollte aus konzernpolitischen Gründen eine größere Bandbreite von Fahrzeugtypen als bisher gefertigt werden. Dabei sollten die verfügbaren Kapazitäten verdoppelt werden und die Produktion von bisher zwei Montagebändern auf ein einziges Montageband reduziert werden. Die Planung und Realisierung der erforderlichen Maßnahmen zur Erreichung dieses Zustandes waren im Rahmen eines Projektes zusammengefasst.

Im Jahr 2004 wurde damit begonnen, das bereits vorhandene gemeinsame Montageband für den Rahmenbau mit Hilfe eines frühen Prototypen von linelogix zu simulieren, um mögliche Potentiale zu identifizieren. Der betrachtete Bandabschnitt umfasst die ersten neun Stationen des Rahmenbaus. In räumlicher Nähe zu den Stationen 5-9 war ein Kommissionierbereich vorgesehen.

Der grundsätzliche Arbeitsablauf im Rahmenbau stellt sich wie folgt dar. Im ersten Schritt erfolgt das Einprägen der Fahrgestellnummer in die Hauptstahlträger des Rahmens. Damit ist das Fahrzeug eindeutig identifizierbar und alle nachfolgenden Anbauteile müssen dieser Fahrgestellnummer entsprechen. Neben der Vernietung und Verschraubung der tragenden Strukturen des LKW erfolgt im Rahmenbau auch die Montage der notwendigen Rohr- und Schlauchsysteme. Diese werden aus einer Vormontage einbaufertig an das Band geliefert und dort am Rahmen befestigt.

Im Rahmen der Optimierung wurde der betrachtete Bereich in linelogix abgebildet und simuliert. Zunächst musste sichergestellt werden, dass die Simulationsergebnisse mit der Realität übereinstimmten. Erst dann wurden die erarbeiteten Leitlinien auf den Bereich angewendet.

Die Unterteilung der Arbeitsinhalte in variantenabhängige und varianten-unabhängige Anteile musste manuell erfolgen, da die vorhandenen EDV-Systeme und auch linelogix keine automatisierte Differenzierung zuließen. Dazu wurden die Arbeitsinhalte der neun betrachteten Stationen Sachnummer für Sachnummer neu eingeplant. Variantenabhängige Inhalte wurden auf die Stationen 5-9 verschoben, während variantenunabhängige Inhalte in den ersten vier Stationen des Bandes zusammengefasst wurden.

Der Nutzfahrzeughersteller arbeitete zu diesem Zeitpunkt bereits mit stationsübergreifenden Gruppen, was zu einer Glättung des Kapazitätsbedarfs führte. Eine erste Gruppe (Gruppe 1) war für die Stationen 1-4, eine zweite Gruppe (Gruppe 2) für die Stationen 5-9 zuständig. Nichtsdestotrotz ließ sich durch die Verschiebung der Arbeitsinhalte und die Konzentration der Schwankungen im hinteren Bandabschnitt eine deutliche Verbesserung der Produktivität erzielen. Die Veränderungen der Kapazitätsbedarfsverläufe sind Abbildung 8.3 bis Abbildung 8.6 zu entnehmen. Dargestellt ist jeweils eine Schichtdauer von 450 Minuten mit 37 Takten für beide Gruppen vor und nach der Differenzierung.

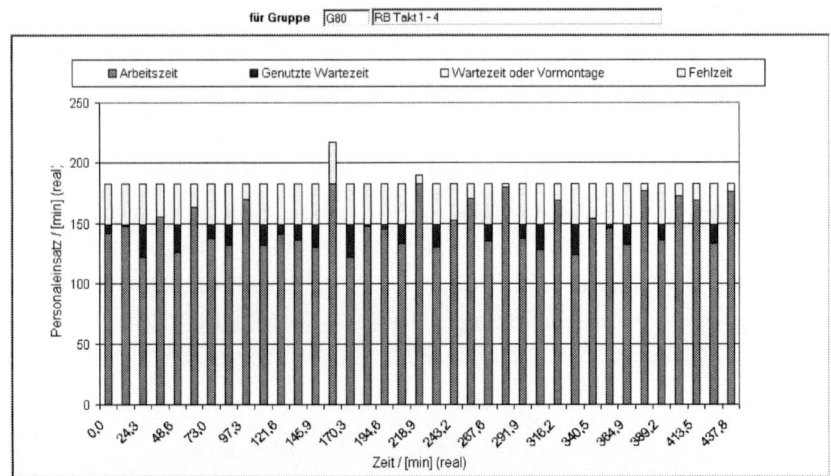

Abbildung 8.3:   Kapazitätsverlauf der Gruppe 1 (Station 1-4)
vor der Differenzierung

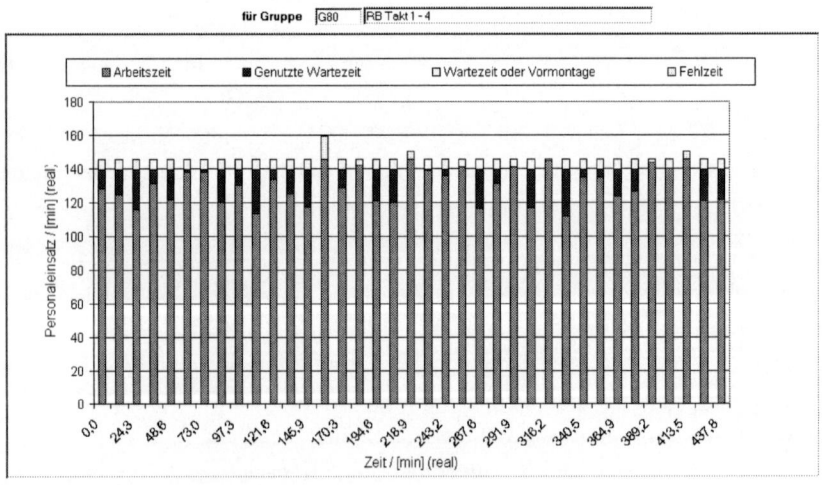

Abbildung 8.4:   Kapazitätsverlauf der Gruppe 1 (Station 1-4)
nach der Differenzierung

Die in Abbildung 8.3 und Abbildung 8.4 dargestellten Taktdiagramme zeigen den Kapazitätsverlauf für die Gruppe G80. Diese Gruppe ist für die ersten vier Stationen des Rahmenbaus zuständig. Im Taktdiagramm wird zwischen Arbeitszeit, Wartezeit, genutzter Wartezeit und Fehlzeit differenziert. Arbeitszeiten sind Zeiten in denen die Mitarbeiter Arbeitsinhalte bearbeiten. Genutzte Wartezeiten sind nicht taktgebundene Tätigkeiten wie beispielsweise persönliche Verteilzeiten. Diese erfolgen insbesondere in Takten, in denen die Arbeitsinhalte deutlich unter der verfügbaren Kapazität liegen. Wartezeiten bilden die in gelb dargestellte Differenz zur verfügbaren Kapazität. Hellblau dargestellte Zeiten wie z.B. in dem 14. Takt der Abbildung 8.3 werden in den Diagrammen als Fehlzeiten bezeichnet; d.h. dass die erforderliche Kapazität über der verfügbaren Kapazität liegt. Im Rahmen des Projektes wurde davon ausgegangen, dass diese Fehlzeiten bis zu einem Anteil von 5% über den Leistungsgrad der Mitarbeiter kurzzeitig abgefangen werden können. Vergleicht man die Taktdiagramme der Gruppe G80 so lässt sich eine deutliche Reduzierung der gelb dargestellten Wartezeiten erkennen.

Der Vergleich der Taktdiagramme der für die Stationen 5-9 zuständigen Gruppe G82 in Abbildung 8.5 und Abbildung 8.6 zeigt hingegen einen Anstieg der Wartezeiten. Betrachtet man die insgesamt erforderliche Kapazität und damit die Mitarbeiteranzahl vor und nach der Zusammenfassung, so ergeben sich die in Tabelle 8.1 dargestellten Werte.

Tabelle 8.1: Verbesserung der Produktivität im Fallbeispiel 1

	Gruppe	Kapazität / [Min]	Takt [Min]	Anzahl Mitarbeiter	
Vorher	G80	182,4	12,16	15	Summe 23
	G82	97,3	12,16	8	
Nachher	G80	145,9	12,16	12	Summe 22
	G82	121,6	12,16	10	

In Summe lässt sich für die betrachtete Schicht somit ein Mitarbeiter einsparen.

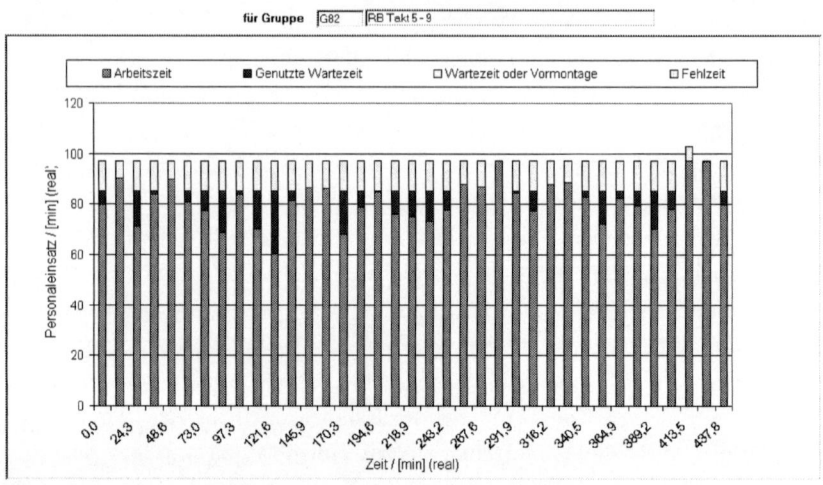

Abbildung 8.5:   *Kapazitätsverlauf der Gruppe 2 (Station 5-9)*
                      vor der Differenzierung

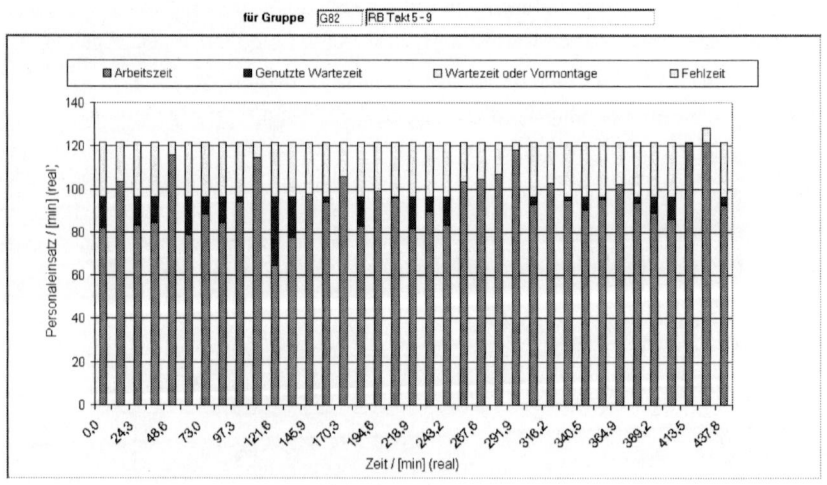

Abbildung 8.6:   *Kapazitätsverlauf der Gruppe 2 (Station 5-9)*
                      nach der Differenzierung

Während vor der Differenzierung beide Gruppen eine mäßige Streuung des Kapazitätsbedarfs im Schichtverlauf aufzeigten, ist nach der Differenzierung die Streuung in Gruppe 1 deutlich gesunken und in Gruppe 2 deutlich gestiegen. Die erforderliche Mitarbeiteranzahl unter Berücksichtigung der Spitzen wurde über mehrere Schichten simuliert und gemittelt. Allein durch die Anwendung der ersten Leitlinie konnte so in der dargestellten Schicht eine Erhöhung der Produktivität bezogen auf den Mitarbeitereinsatz von 4,4 % und in weiteren Schichten von bis zu 10% erreicht werden.

8.2.2 Fallbeispiel 2: Innenausstattung von LKW-Fahrerhäusern

Am betrachteten Standort werden Fahrerhäuser der schweren Baureihe montiert. Die Fahrerhausfertigung versorgt dabei mehrere Montagebänder mit insgesamt ca. 200 Fahrerhäusern pro Tag.

Die Montage der Fahrerhäuser erfolgt als diskontinuierlich und synchron getaktete Bandmontage. Aufgrund der hohen Variantenvielfalt führt diese Taktung zu einer stark schwankenden Auslastung der Bandarbeitsgruppen. In der kontinuierlichen Austaktung der Montagelinie (Line Balancing) vermutete das Unternehmen daher noch Potentiale für eine deutliche Produktivitäts-steigerung. Aufgrund des damit verbundenen hohen planerischen Aufwands erwägte es die eigens für diese Zielstellung geeignete Software linelogix einzusetzen. Dadurch sollten die Auswirkungen der Variantenvielfalt auf den benötigten Ressourceneinsatz bewertet und, in Kombination mit dem Vorgehen für die Fließbandabstimmung, die schrittweise Verbesserung der Produktivität ermöglicht werden.

Um das Potential zu bewerten, wurde zu Beginn des Jahres 2006 ein Pilotabschnitt der Fahrerhausmontage, die Vorausstattung simuliert. Der Grundsätzliche Ablauf einer Fahrerhausmontage ist in Abbildung 8.7 dargestellt. Demnach folgt der Bereich der Vorausstattung auf die Montage der Bodengruppe. Im Anschluss an die Vorausstattung wird die Windschutzscheibe verklebt. Erst danach erfolgt die Montage des Interieurs und des Exteriors. Nach Durchlaufen des Finishs, in dem noch kleinere Arbeiten abgeschlossen werden, verlässt das Fahrerhaus das Montageband.

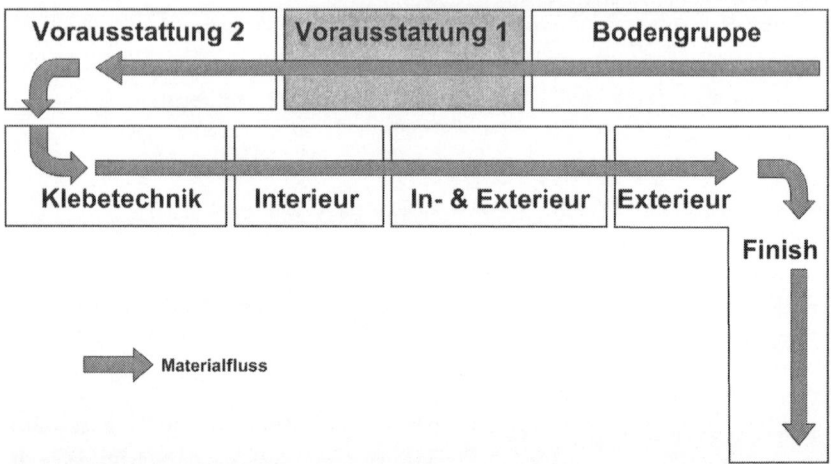

Abbildung 8.7:   Grundsätzlicher Ablauf einer Fahrerhausmontage

Der betrachtete Bereich hat die Ausrüstung des Fahrerhauses mit Komponenten wie beispielsweise der Klimaanlage zum Inhalt und umfasst vier Stationen. Zur Verbesserung der Produktivität wurde gemäß der in Kapitel 7 vorgestellten Systematik in fünf Schritten vorgegangen. Die Ausgangssituation stellt sich in den vier Taktdiagrammen im oberen Teil der Abbildung 8.8 dar. Arbeitszeiten sind blau dargestellt, Wartezeiten rot. In der Station 1 zeigt das Taktdiagramm einen gleichmäßigen Verlauf des Kapazitätsbedarfs über der Zeit. In den Stationen 2-4 liegen stark schwankende Arbeitsinhalte vor.

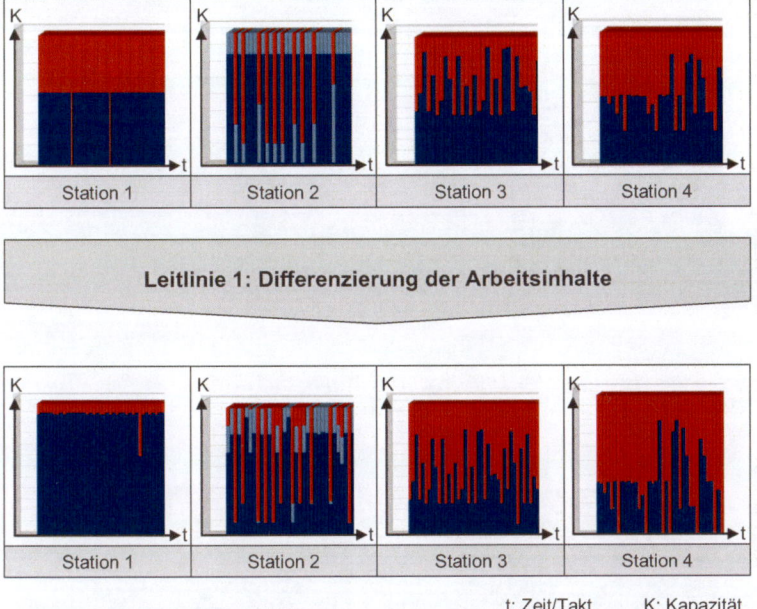

t: Zeit/Takt   K: Kapazität

Abbildung 8.8:   Leitlinie 1 – Differenzierung der Arbeitsinhalte

Im unteren Teil der Abbildung 8.8 wird das Ergebnis der Anwendung der ersten Leitlinie dargestellt. Sämtliche variantenunabhängigen Arbeitsinhalte wurden in die Station 1 verschoben. Dies ist daran zu erkennen, dass der „Bodensatz" der Taktdiagramme der Stationen 2-4, und damit der variantenunabhängige Anteil der Arbeitsinhalte nahezu auf Null gesunken ist.

Im nächsten Schritt wurde die zweite Leitlinie angewendet. Da die Anwendung im vorliegenden Fallbeispiel nur auf die Station 1 erfolgte, ist der Vorgang in Abbildung 8.9 horizontal dargestellt. Aus der Skala der y-Achse wird erkennbar, dass die Station mit geringen variantenabhängigen Arbeitsinhalten auf eine runde Mitarbeiteranzahl aufgefüllt wurde. Die vergleichsweise geringen Schwankungen der Arbeitsinhalte von Takt zu Takt können über den Leistungsgrad der Mitarbeiter abgefangen werden.

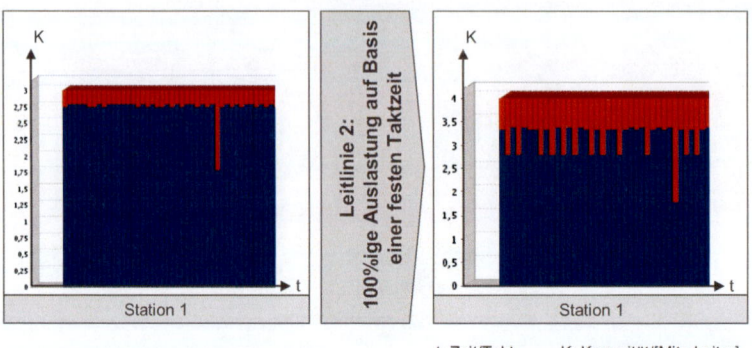

Abbildung 8.9:   Leitlinie 2 – 100%ige Auslastung auf Basis einer fixen Taktzeit

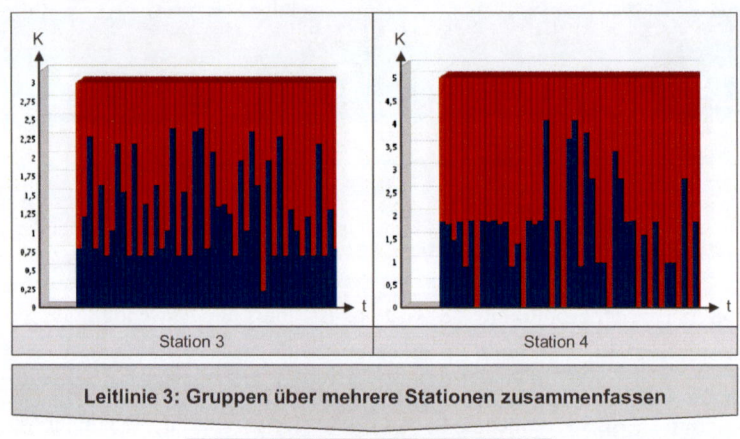

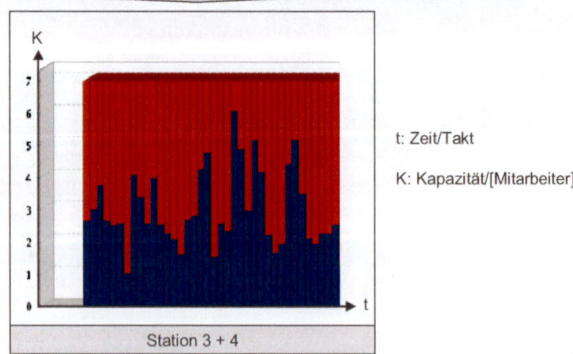

Abbildung 8.10:   Leitlinie 3 – Gruppen über mehrere Stationen zusammenfassen

Unter Anwendung der dritten Leitlinie wurden Gruppen gebildet. Im betrachteten Pilotabschnitt bot sich die Zusammenfassung der Stationen 3 und 4 an. Aus Abbildung 8.10 ist zu entnehmen, dass sich für die neue Gruppe ein Kapazitätsverlauf mit einigen ausgeprägten Spitzen über mehrere Takte ergibt. Die erforderliche Anzahl von Mitarbeitern sinkt im direkten Vergleich von acht auf sieben um einen Mitarbeiter.

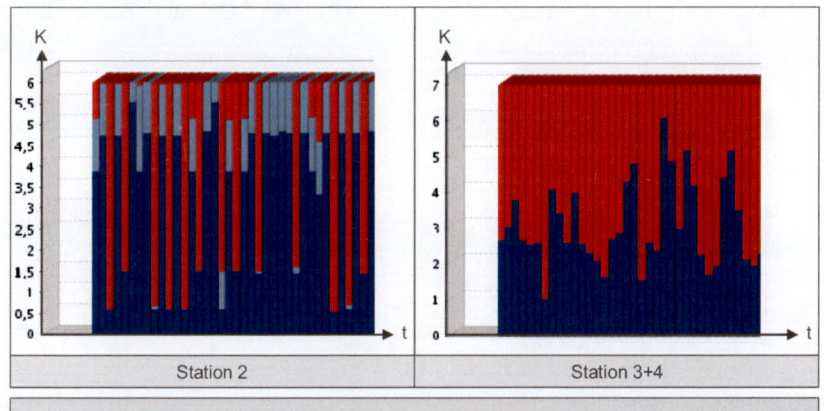

Leitlinie 5: Sequenzierung für verbleibende Problemgruppen

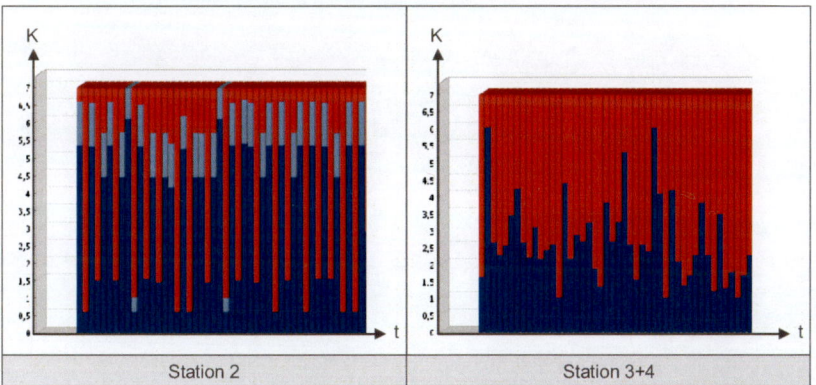

t: Zeit/Takt   K: Kapazität/[Mitarbeiter]

Abbildung 8.11: Leitlinie 5 – Auswirkungen angepasster Sequenzierungsregeln

Die vierte Leitlinie wurde in dem betrachteten Fallbeispiel nicht angewendet. In einem letzten Schritt wurden somit gemäß der fünften Leitlinie die Sequenzierungsregeln gezielt an die veränderten Bedingungen im Montageband angepasst. Während die Station 1 nahezu alle variantenunabhängigen Arbeitsinhalte zusammenfasst und somit bei der Sequenzbildung nicht mehr berücksichtigt werden muss, gilt den Arbeitsinhalten der Stationen 2 und 3+4 besonderes Augenmerk. Durch geeignete Sequenzierungsregeln ließen sich gerade in diesem Bereich Verbesserungen erwirken. Aus Abbildung 8.11 lässt sich eine deutliche Auflockerung konzentrierter Kapazitätsbedarfe in den Stationen 2 und 3+4 erkennen. Damit wird der Umfang notwendiger Flexibilisierungsmaßnahmen reduziert.

Auch in diesem Fallbeispiel erfolgte die Simulation über einen repräsentativen Ausschnitt des Produktionsprogramms über mehrere Schichten. In Summe konnte eine Produktivitätssteigerung von 3-5% nachgewiesen werden.

Der Beitrag von Werkzeug und Vorgehen zur Steigerung der Produktivität konnte somit in der Praxis nachgewiesen werden.

9 Schlussbetrachtung

Unternehmen aller Branchen stehen im globalen Wettbewerb einem wandelnden Umfeld gegenüber, welches sich nicht nur in zunehmendem Konkurrenzdruck, sondern auch einer immer stärkeren Individualisierung der Produkte und kürzer werdenden Innovationszyklen ausdrückt. Der gleichzeitige Fortschritt der Informationstechnologie legt den Ansatz nahe über eine stärkere Vernetzung der Unternehmensprozesse den Erfolg in einem solchen sich wandelnden Umfeld zu unterstützen. Unter dem Begriff der Digitalen Fabrik wird nach Möglichkeiten gesucht neben den Produkten und Fabriken auch die Produktionsprozesse als digitale Modelle abzubilden und so schon vor Produktionsstart Erkenntnisse zu gewinnen. Dieser Prozess der kontinuierlichen Planung soll den Unternehmen die notwendige Reaktionsfähigkeit verleihen, um sich an das ständig wandelnde Umfeld anzupassen.

Für den speziellen Fall der Variantenfließfertigung stellen die spezifischen Produktionsplanungsprozesse eine besondere Herausforderung an die Modellierung. Zudem kommen vorhandene Planungsmethoden insbesondere bei hoher Variantenvielfalt nicht zum Einsatz.

Der hier vorgestellte Ansatz zur kontinuierlichen Planung in der Variantenfließfertigung greift vorhandene Ansätze aus den Bereichen der Fabrikplanung und der Produktionsplanung auf und füllt den für den speziellen Fall der Variantenfließfertigung erkannten Handlungsbedarf mit zwei Lösungsbausteinen: dem Planungswerkzeug linelogix und einer Methodik zur Fließbandabstimmung.

9.1 Zusammenfassung

In der Einleitung in Kapitel 1 wurde anhand der beobachteten Veränderungen des unternehmerischen Umfelds verdeutlicht, dass die zunehmende Variantenvielfalt in der Fließfertigung eine Entwicklung ist, die sich weiter fortsetzen wird, und der die Unternehmen durch geeignete Methoden und Werkzeuge begegnen müssen. Auf dieser Basis wurde Zielstellung dieser Arbeit abgeleitet, die darin besteht, **erstens** ein geeignetes Werkzeug für einen kontinuierlichen Planungsprozess zu entwickeln und **zweitens** ein Vorgehen für die

Fließbandabstimmung zu erarbeiten, welches ohne die für numerische Modelle erforderliche umfangreiche Datenerhebung auskommt.

In Kapitel 2 und 3 wurden die für die Bearbeitung der Zielstellung relevanten Grundlagen und Begrifflichkeiten erläutert. Neben der definitorischen Abgrenzung der verwendeten Begriffe in Kapitel 2 wurde in Kapitel 3 auf die Besonderheiten der Variantenfließfertigung eingegangen. Dies erforderte sowohl die Auseinandersetzung mit der geschichtlichen Entwicklung von der Fließfertigung zur Variantenfließfertigung, als auch die ausführliche Beschreibung heute üblicher Planungsprozesse in der Variantenfließfertigung. Besonderes Augenmerk wurde dabei auf die verwendeten Methoden im Rahmen kurzfristiger und mittelfristiger Planungsprozesse gelegt. Damit wurde die Grundlage geschaffen, um in Kapitel 4 den Handlungsbedarf herzuleiten.

Der in Kapitel 4 beschriebene Handlungsbedarf ist zweigeteilt und trägt dem immer schneller werdenden Wandel und der damit erforderlichen engeren Verzahnung unternehmerischer Planungsprozesse Rechnung. Zum einen gebieten die veränderten Rahmenbedingungen auch in der Variantenfließfertigung eine Erhöhung der Planungsgeschwindigkeit. Zum anderen fehlt es jedoch an einer Planungsmethode, die besonders bei hoher Planungskomplexität die Planungsfähigkeit sicherstellen können, da die für numerische Methoden benötigten Daten nur mit unverhältnismäßigem Aufwand ermittelt werden können.

Der Lösungsansatz zur Erhöhung der Planungsgeschwindigkeit ist Inhalt der Kapitel 5 und 6. Dazu wurde in Kapitel 5 der Planungsprozess anhand des ZOPH-Strukturierungsansatzes in seine Einzelteile zerlegt und eine Verknüpfung des heutigen Fabrikplanungsprozess mit dem kontinuierlichen Produktionsplanungsprozess auf Ebene der Teilsysteme vorgenommen. Im Vordergrund stand dabei die Frage, welche fabrikplanerischen Inhalte zur Beschleunigung der Planung in einen kontinuierlichen Planungsprozess überführt werden können und welche Anforderungen sich aus dem erweiterten kontinuierlichen Planungsprozess an ein integriertes Planungswerkzeug ergeben. Die Zusammenfassung dieser Anforderungen bildet den Abschluss des Kapitels 5.

Die sich aus dem erweiterten kontinuierlichen Planungsprozess ergebenden Anforderungen wurden in einem prototypischen Werkzeug zur Planungsunterstützung umgesetzt. Die Beschreibung dieses vom Autor entwickelten Werkzeugs linelogix ist Inhalt von Kapitel 6. Durch eine direkte Anbindung an das PPS-System in Verbindung mit einer Simulation erweitert dieses Planungswerkzeug die bestehende kontinuierliche Produktionsplanung eines Unternehmens um die fabrikplanerischer Inhalte der Bandauslegung und des Fließbandabgleichs.

In Kapitel 7 wurde der zweite beschriebene Handlungsbedarf aufgegriffen. Demnach ist zusätzlich zur Prozessunterstützung mittels eines geeigneten Werkzeugs ein Vorgehen für die Fließbandabstimmung in der Variantenfließfertigung erforderlich, welches ohne umfangreiche Datenerhebung auskommt. Anhand grundsätzlicher mathematischer Zusammenhänge wurde dieses Vorgehen für die Variantenfließfertigung entwickelt, und in fünf Leitlinien zusammengefasst, mit dem Ziel die Kapazitätsauslastung in der Variantenfließfertigung zu erhöhen.

Beide Lösungsbausteine wurden in der Nutzfahrzeugbranche angewendet. Vorgehen und Ergebnis der praktischen Anwendung sind in Kapitel 8 beschrieben. Dazu wurden zunächst die Grundlagen und die Historie des Nutzfahrzeugs beschrieben, um diese an der Entwicklung der Variantenfließfertigung zu spiegeln. Das erste Fallbeispiel beschreibt die Anwendung nur einer Leitlinie in Kombination mit dem Planungswerkzeug für den ersten Abschnitt einer LKW-Montage: den Rahmenbau. In diesem Fall konnte eine Produktivitätsverbesserung von bis zu 10% erreicht werden. Im zweiten Fallbeispiel wurde die Anwendung von vier Leitlinien in Kombination mit dem Planungswerkzeug auf die Fahrerhausmontage beschrieben. Dieses Fallbeispiel verdeutlicht die Effekte jeder einzelnen Leitlinie. Im Ergebnis wird eine Produktivitätsverbesserung von 3-5% erreicht.

Das Kapitel 9 fasst in einer Schlussbetrachtung das Fazit und die Inhalte dieser Arbeit zusammen und liefert einen Ausblick für den im Rahmen dieser Arbeit erkannten weiteren Forschungsbedarf.

9.2 Ausblick

Der vorgestellte Ansatz zur kontinuierlichen Planung ist auf die speziellen Anforderungen und Bedürfnisse der Variantenfließfertigung ausgelegt. Die grundsätzliche Herangehensweise ist jedoch auf weitere Anordnungstypen, beispielsweise die Werkstattfertigung, übertragbar. Die jederzeitige Verfügbarkeit eines aktuellen fabrikplanerischen Modells ist für die Planungsfähigkeit ohnehin unabdingbar. Die Verknüpfung dieses Modells mit einer Simulation, die das produktionsplanerische Ergebnis prognostiziert, bietet jedoch völlig neue Möglichkeiten der Bewertung fabrikplanerischer Handlungsalternativen.

Der Ansatz der inkrementellen Planung, der in dieser Arbeit nur angerissen wurde, bietet für die kontinuierliche Planung noch großes Potential, da er den Planungsaufwand erheblich reduziert. Für die detaillierte Ausgestaltung des Ansatzes ist jedoch noch eine stärkere Systematisierung der Veränderungen in fabrikplanerischen Modellen erforderlich. Mit welchen Veränderungen ist in der Fabrikplanung zu rechnen und wie modelliere ich diese als Abweichung von dem aktuellen Zustand? Welche dieser Planungsumfänge müssen durch geeignete wandlungsfähige Strukturen in der Fabrik unterstützt werden? Die Untersuchungen dieser Arbeit beziehen sich auf die Variantenfließfertigung, ein Anordnungstyp dem per se eine geringe Flexibilität eingeräumt wird, und in dem entsprechende Mechanismen für Layoutveränderungen im Tagesrhythmus erst noch etabliert werden müssen. Der Übertrag der kontinuierlichen Planung auf andere Anordnungstypen, die bereits heute eine hohe Flexibilität aufweisen bietet weit reichendes Potential die Anpassungsfähigkeit der Unternehmen zu steigern.

Es ist davon auszugehen, dass die Grenzen zwischen Fabrikplanung und Produktionsplanung zunehmend verschwimmen werden. Die Komplexität der planerischen Prozesse wird damit steigen und mit ihr auch die Bedeutung geeigneter entscheidungsunterstützender Werkzeuge. Versteht man linelogix als Baustein der Digitalen Fabrik, so gilt es, weitere Bausteine zu entwickeln, die insbesondere an der Schnittstelle von Fabrikplanung und Produktionsplanung wirken.

Die Zeiten, in denen Fabriken einmalig eingerichtet und unverändert über einen längeren Zeitraum betrieben werden konnten, sind vorbei. Zukünftig werden insbesondere die Unternehmen im Wettbewerb bestehen, die in der Lage sind die Anpassung ihrer Produktionsstrukturen im Monats-, Wochen- oder Tagesrhythmus zu systematisieren.

10 Quellenverzeichnis

[AKNA 93] Arbeitskreis Neue Arbeitsstrukturen der deutschen Automobilindustrie (AKNA) (Hrsg.): Teamarbeit in der Produktion. REFA, Verband für Arbeitsstudien und Betriebsorganisation e.V. München: Carl Hanser Verlag 1993.

[Aldi 07]   Aldinger, L.; Hummel, V.; Westkämper, E.: Echtzeitfähiges Fabrik-Cockpit. In: Zeitschrift für wirtschaftlichen Fabrikbetrieb Jahrg. 102 (2007) 1-2. S. 19-21

[Amen 97]   Amen, M.: Kostenorientierte Leistungsabstimmung von Fließlinien. Dissertation. Passau: Universität Passau, Wirtschaftswissenschaftliche Fakultät 1997.

[Bart 87]   Barthelmeß, P.: Montagegerechtes Konstruieren durch die Integration von Produkt- und Montageprozessgestaltung. Berlin: Springer 1987.

[Bäss 02]   Bässler, W.: Permanentes Planen und Optimieren der Fertigung in der Luftfahrt mit integrierten Simulationswerkzeugen der digitalen Fabrik. Vortrag zur 4. Deutschen Fachkonferenz Fabrikplanung. Stuttgart 2002.

[Bien 01]   Bieniek, C.: Prozessorientierte Produktkonfiguration zur integrierten Auftragsabwicklung bei Variantenfertigern. Aachen: Shaker 2001.

[Binn 00]   Binner, H.: Prozessorientierte TQM-Umsetzung. München: Hanser Verlag 2000.

[Blei 96]   Bleicher, Knut: Normatives Management. In: Betriebshütte Produktion und Management Teil 1. 7., neu bearb. Auflage. Berlin: Springer 1996.

[Bock 00]   Bock, S.: Modelle und verteilte Algorithmen zur Planung getakteter Fließlinien: Ansätze zur Unterstützung eines effizienten Mass Customization. Wiesbaden: Gabler 2000.

[Boys 05]   Boysen, N.: Variantenfließfertigung. Dissertation Universität Hamburg. Wiesbaden: Deutscher Universitäts-Verlag 2005

[Boys 06]   Boysen, N.; Fliedner, M.; Scholl, A.: Produktionsplanung bei Variantenfließfertigung: Planungshierarchie und Hierarchische Planung. Jenaer Schriften zur Wirtschaftswissenschaft. Jena: Wirtschaftswissenschaftliche Fakultät Friedrich-Schiller-Universität Jena 2006.

[Boys 06b] Boysen, N.; Fliedner, M.; Scholl, A.: Level-Scheduling bei Variantenfließfertigung: Klassifikation, Literaturüberblick und Modellkritik. Jena: Wirtschaftswissenschaftliche Fakultät Friedrich-Schiller-Universität Jena 2006.

[Bull 03]   Bullinger, H.-J.; Warnecke, H. J.; Westkämper, E. (Hrsg.): Neue Organisationsformen in Unternehmen. 2. Auflage. Berlin: Springer 2003.

[Bull 97]   Bullinger, H.-J.; Lott, C.-U.: Target Management: Unternehmen zielorientiert gestalten und ergebnisorientiert führen. Frankfurt/Main; New York: Campus Verlag 1995.

[Burr 04]   Burr, W.: Modularisierung als Prinzip der Ressourcenorganisation – aus Sicht der ökonomischen Theorie. In: DBW Jahrg. 64 (2004) 4. S. 448-469

[Deck 93]   Decker, M.: Variantenfließfertigung. Heidelberg: Physica-Verlag 1993.

[DIN 01]   DIN 70010:2001-04: Systematik der Straßenfahrzeuge. Berlin: Beuth Verlag 2001.

[DIN 02]   DIN 199-1:2002-2003 : Technische Produktdokumentation – CAD-Modelle, Zeichnungen und Stücklisten – Teil 1: Begriffe. Berlin: Beuth Verlag 2002.

[DIN 05]   DIN 9000:2005: Qualitätsmanagementsysteme – Grundlagen und Begriffe. Berlin: Beuth Verlag 2005.

[Domb 02]   Dombrowski, U.; Tiedemann, H.: Stand und Entwicklungstendenzen der Digitalen Fabrik. Vortrag zur 4. Deutschen Fachkonferenz Fabrikplanung. Stuttgart 2002.

[Domb 04]   Dombrowski, U.; Quack, S.: Die ungenutzten Potenziale in bestehenden Fabriken. 5. Deutsche Fachkonferenz Fabrikplanung. 31.03. und 01.04.2004. Stuttgart: 2004.

Kontinuierliche Planung der Fließfertigung von Varianten 125

[Domb 05a] Dombrowski, U., Palluck, M., Schmidt, S.: Ganzheitliche Produktionssysteme im Fokus der Fabrikplanung. Aktueller Stand, Handlungsbedarf, Vision. Vortrag zur 6. Deutschen Fachkonferenz Fabrikplanung. Ludwigsburg 2005.

[Domb 05b] Dombrowski, U., Tiedemann, H.: Die richtigen Fabrikplanungswerkzeuge auswählen. Eine Methode zur Entscheidungsunterstützung. In: Zeitschrift für wirtschaftlichen Fabrikbetrieb Jahrg. 100 (2005) 3. S. 136-140

[Domb 06] Dombrowski, U., Medo, M.: Varianten im Takt – Gift für die Produktivität? In: Zeitschrift für wirtschaftlichen Fabrikbetrieb Jahrg. 101 (2006) 12. S. 715-718

[Doms 97] Domschke, W.; Scholl, A.; Voß S.: Produktionsplanung. 2., überarbeitete und erweiterte Auflage. Berlin: Springer 1997.

[Drex 01] Drexl, A.; Kimms, A.: Belastungsorientierte Just-in-Time Variantenfließfertigung. In: Zeitschrift für Planung (2001) 12.t

[Dude 06] www.duden.de: Stand 03.12.2004, 8:30 Uhr.

[Ebel 06] Ebeling, E.: „MAN will 50,5 Stunden in der Woche arbeiten lassen". In: Braunschweiger Zeitung, Ausgabe 7. März 2006

[Ehrl 07] Ehrlenspiel, K.: Integrierte Produktentwicklung: Denkabläufe, Methodeneinsatz, Zusammenarbeit. 3., aktualisierte Auflage. München: Hanser 2007.

[Evan 21] Evans, O.: The young mill-wright and miller's guide. Fourth Edition. Philadelphia: M. Carey & Son 1821.

[Ever 05] Eversheim, W.; Schuh, G.: Integrierte Produkt- und Prozessgestaltung. Berlin, Heidelberg: Springer-Verlag Berlin Heidelberg 2005.

[Ever 96] Eversheim, W.: Produktentstehung. In: Betriebshütte Produktion und Management Teil 1. 7. Auflage. Berlin: Springer 1996.

[Ever 99] Eversheim, W.; Schuh, G. (Hrsg.): Produktion und Management, Band 2: Produktmanagement. Berlin: Springer 1999.

[Flei 05] Fleischer, J.; Stepping, A.; Plaggemeier, J.: Fabrikplanung zur Umsetzung Ganzheitlicher Produktionssysteme im

126 Kontinuierliche Planung der Fließfertigung von Varianten

Wertschöpfungsnetz. In: Zeitschrift für wirtschaftlichen Fabrikbetrieb Jahrg. 100 (2005) 5. S. 279-282

[Flex 07]   Flexis AG: flexis APS – Advanced Planning Suite. http://www.flexis.de/loesungen/flexis-aps-advanced-planning-suite/funktionalitaet.html 28.11.2007 00:18.

[Fres 96]   Frese, E.: Organisationsstrukturen und Managementsysteme. In: Eversheim, W. (Hrsg.); Schuh, G. (Hrsg.); Akademischer Verein Hütte (Hrsg.): Produktion und Management. 7., neu bearb. Aufl. Berlin: 1996.

[Frey 97]   Freye, Diethardt: Reihenfolgeplanung in einem variantenreichen Fließfertigungssystem: Ein qualitativer Ansatz aus der Automobilindustrie. Göttingen: Cuvillier 1997.

[Gabl 04]   o.V.: Gabler Wirtschaftslexikon. 16., vollständig überarbeitete und aktualisierte Auflage. Wiesbaden: Betriebswirtschaftlicher Verlag Dr. Th. Gabler 2004.

[Garl 96]   Garlichs, R.: Entscheidungsorientierte Belegungsplanung von verketteten Montageanlagen. Fortschr.-Ber. VDI Reihe 2 Nr. 402. Düsseldorf: VDI Verlag 1996.

[GBU 02]   Gesellschaft für Betriebsorganisation und Unternehmensplanung mbH: Flussprinzip in der Baggermontage. Stuttgart: GBU GmbH 2002.

[Gill 03]   Gillmeister, F. O.: Informations- und Dokumentationssystem für das prozessorientierte Qualitätsmanagement. Aachen: Shaker Verlag 2003.

[Gott 06]   Gottschalk, B.: Wachstum und Chancen der internationalen Nutzfahrzeugindustrie. http://www.vda.de/de/vda/intern/organisation/abteilungen/files/pres seworkshop2006/Vortrag_Gottschalk.pdf, 05.12.2006 15:00.

[Hack 89]   Hackstein, R.: Produktionsplanung und -steuerung (PPS): ein Handbuch für die Betriebspraxis. 2., überarbeitete Auflage. Düsseldorf: VDI-Verlag 1989.

[Hack 97]   Hack, T.: Simulationsgestützte Belegungsplanung in der Montage unter Berücksichtigung der Unschärfe. Aachen: Shaker 1997.

[Hart 01]   Harting KGaA: HARAX® at Thyssen-Norte – Production process improvement. In: tec.News. Ausgabe 9. 2001. http://www.harting.com.br/products/applications/machine-manufacturing/harax-at-thyssen-norte-production-process-improvement/, 05.05.2009 18:00 Uhr

[Heiz 81]   Heizmann, Jochem: Soziotechnologische Ablaufplanung verketteter Fertigungsnester zur Erhöhung der Flexibilität von Montage-Fliesslinien. Karlsruhe: Heizmann, 1981.

[Hern 03]   Hernández Morales, R.: Systematik der Wandlungsfähigkeit in der Fabrikplanung. Fortschr.-Ber. VDI-Reihe 16 Nr. 149. Düsseldorf: VDI Verlag 2003.

[Hild 05]   Hildebrand, T.; Mäding, K., Günther, U.: PLUG+PRODUCE – Gestaltungsstrategien für die wandlungsfähige Fabrik. Chemnitz: IBF – Institut für Betriebswissenschaften und Fabriksysteme, Technische Universität Chemnitz 2005.

[Hoep 04]   Hoepke, E. (Hrsg.): Nutzfahrzeugtechnik. Grundlagen, Systeme, Komponenten. 3., überarbeitete und erweiterte Auflage. Wiesbaden: Vieweg Verlag 2004.

[Hove 02]   Hovestadt, L.: Digitales Bauen – eine Fabrik als vollständiges Bausystem? Vortrag zur 4. Deutschen Fachkonferenz Fabrikplanung. Stuttgart 2002.

[KBA 09]   Kraftfahrt-Bundesamt: Methodische Erläuterungen zu Statistiken über Fahrzeugzulassungen. Online im Internet: URL: http://www.kba.de/cln_016/nn_124384/DE/Statistik/Fahrzeuge/fz_ _methodische__erlaueterungen__200901__pdf,templateId=raw,pro perty=publicationFile.pdf/fz_methodische_erlaueterungen_200901 _pdf.pdf. Stand: 17.06.2010.

[Keup 01]   Keuper, F.: Strategisches Management. München; Wien: Oldenbourg 2001.

[Kurz 06]   Kurz, O.: Virtuelle Fabrikplanungsprozessabsicherung und – optimierung Einsatzpotentiale numerischer Berechnungen im Rahmen der Digitalen Fabrik. Aachen: Shaker 2006.

[Kfzt 06]   www.Kfz-Tech.de: Stichwortverzeichnis: Erster LKW. http://www.kfz-tech.de/ErsterLkw.htm, Stand 18.04.2006

[Komo 91] Komorek, C.: Methoden und Denkweisen der Unternehmenskybernetik: Bedeutung und Nutzen einer modernen Wissenschaft für die Praxis. Köln: Verl. TÜV Rheinland 1991.

[Krüg 00] Krüger, T.: Nutzungssteigerung verketteter Produktionssysteme. Fortschr.-Ber. VDI-Reihe 2 Nr. 549. Düsseldorf: VDI-Verlag 2000.

[Ling 94] Lingnau, V.: Variantenmanagement: Produktionsplanung im Rahmen einer Produktdifferenzierungsstrategie. Berlin: Erich Schmidt 1994.

[Lödd 08] Lödding, H.: Verfahren der Fertigungssteuerung – Grundlagen, Beschreibung, Konfiguration. 2. Auflage. Berlin: Springer 2008.

[Lucz 96] Luczak, Holger: Arbeitsorganisation. In: Betriebshütte Produktion und Management Teil 1. 7., neu bearb. Auflage. Berlin: Springer 1996.

[Öste 95] Österle, H.: Business Engineering – Prozess- und Systementwicklung. Band 1: Entwurfstechniken. Berlin: Springer Verlag 1995.

[Masu 06] Masurat, T.: Neue Organisationsstrukturen für ein integriertes Produkt- und Prozessengineering im Rahmen der Digitalen Fabrik. Aachen: Shaker 2006.

[Menz 00] Menzel, W.: Partizipative Fabrikplanung Grundlagen und Anwendung. Fortschr.-Ber. VDI-Reihe 2 Nr. 546. Düsseldorf: VDI Verlag 2000.

[Motu 08] Motus, D.: Referenzmodell für die Montageplanung in der Automobilindustrie. München: Herbert Utz Verlag 2008.

[Nege 98] Negele, H.: Systemtechnische Methodik zur ganzheitlichen Modellierung am Beispiel der integrierten Produktentwicklung. München: Herbert Utz Verlag 1998.

[Nief 93] Niefer, H.: Planung, Einführung und Optimierung von Gruppenarbeit in der Teilefertigung. München; Wien: Carl Hanser Verlag 1993.

[Nyhu 08] Nyhuis, P. (Hrsg.): Beiträge zu einer Theorie der Logistik. Berlin: Springer-Verlag 2008.

[REFA 85]   REFA, Verband für Arbeitsstudien und Betriebsorganisation e.V.: Methodenlehre der Planung und Steuerung. 4. Auflage. München: Carl Hanser Verlag 1985.

[Reki 06]   Rekiek, B.; Delchambre, A.: Assembly Line Design: The balancing of Mixed-Model Hybrid Assembly Lines with Genetic Algorithms. Berlin: Springer 2006.

[Salv 55]   Salveson, M. E.: The Assembly Line Balancing Problem. The Journal of Industrial Engineering, 3 (1955), S. 18-25.

[SAP 07]   SAP Deutschland AG & Co. KG: Umfang des Planungslaufs. http://help.sap.com/saphelp_45b/helpdata/de/f4/7d2dba44af11d182 b40000e829fbfe/content.htm, 23.11.2007 13:11

[Saur 96]   Saurwein, R. G.: Gruppenorientierte Fertigungsstrukturen im Maschinenbau. Opladen: Leske und Budrich 1996.

[Sawy 70]   Sawyer, J. H. F.: Line Balancing. Brighton, Sussex: The Machinery Publishing Co. Ltd. 1970.

[Scha 08]   Schack, R.: Methodik zur bewertungsorientierten Skalierung der Digitalen Fabrik. München: Herbert Utz Verlag 2008.

[Schä 91]   Schäfer, Günther: Integrierte Informationsverarbeitung bei der Montageplanung. München: Hanser 1992.

[Sche 04]   Schenk, M; Wirth, S.: Fabrikplanung und Fabrikbetrieb – Methoden für die wandlungsfähige und vernetzte Fabrik. Berlin: Springer 2004.

[Sche 97]   Scheer, A.-W.: Wirtschaftsinformatik. 7., durchgesehene Auflage. Berlin: Springer 1997.

[Sche 98]   Scheer, A.-W.: ARIS – vom Geschäftsprozeß zum Anwendungssystem. 3., völlig neubearb. und erw. Auflage. Berlin: Springer 1998.

[Schm 95]   Schmigalla, H.: Fabrikplanung – Begriffe und Zusammenhänge. München: Carl Hanser Verlag 1995.

[Schn 91]   Schneeweiß, C.; Söhner, V.: Kapazitätsplanung bei moderner Fließfertigung. Heidelberg: Physica-Verlag 1991.

[Schn 86]   Schnell, U.: Strukturwandel im nordamerikanischen Markt für mittelschwere und schwere Lastkraftwagen. Inaugural-Dissertation.

Bonn: Rechts- und Staatswissenschaftliche Fakultät der Rheinischen Friedrich-Wilhelms-Universität Bonn 1986.

[Scho 99] Scholl, A.: Balancing and Sequencing of Assembly Lines. Heidelberg: Physica-Verlag 1999.

[Schr 86] Schrader, H.: Automobil-Faszination: aus der Chronik des Automobils: Meilensteine der Motorisierung von 1885 bis heute. München; Wien; Zürich: BLV Verlagsgesellschaft 1986.

[Schu 06] Schuh, G.: Produktionsplanung und -steuerung – Grundlagen, Gestaltung und Konzepte. 3., völlig neu bearbeitete Auflage. Berlin: Springer 2006.

[Shim 97] Shimokawa, K. (Hrsg.): Transforming automobile assembly: experience in automation and work organization. Berlin: Springer 1997.

[Shim 97b] Shimon, Y. Nof, Wilbert E. Wilhelm und Hans-Jürgen Warnecke: Industrial Assembly. Chapman & Hall 1997.

[Sloa 66] Sloan, A. P.: Meine Jahre mit General Motors. 3. Auflage. München: Verlag moderne Industrie 1966.

[Spie 95] Spiekermann, S.; Voß, S.; Wortmann, D.: Praxisorientierte Klassifikationsmerkmale für ereignisorientierte Simulationswerkzeuge. Braunschweig: Technische Universität Braunschweig , Institut für Wirtschaftswissenschaften 1995.

[Spie 98] Spieker, K.: Operatives Produktions-Controlling: unter besonderer Berücksichtigung des Mittelstandes. Frankfurt am Main: Lang 1998.

[Spur 04] Spur, G.: Aufbruch zur Rationalisierung. Ein Beitrag zum 100-jährigen Bestehen des Instituts für Werkzeugmaschinen und Fabrikbetrieb (IWF) der Technischen Universität Berlin. Zeitschrift für Wirtschaftlichen Fabrikbetrieb. Jahrg. 99 (2004) 10. München: Carl Hanser Verlag 2004.

[Thom 67] Thomopoulos, N. T.: Line Balancing-Sequencing für mixed-model assembly. Management Science Vol. 14, No. 2, Oktober 1967

[Tied 05] Tiedemann, Hauke: Wissensmanagement in der Fabrikplanung. Aachen: Shaker 2005.

[Trum 05] TRUMPF Werkzeugmaschinen GmbH + Co. KG: Mit SYNCHRO zur Fabrik des Jahres. Vortrag zur 6. Deutschen Fachkonferenz Fabrikplanung. Ludwigsburg 2005.

[Trum 07] TRUMPF Werkzeugmaschinen GmbH + Co. KG: SYNCHRO BEI TRUMPF. http://www.trumpf.com/1.img-cust/TRUMPF_SYNCHRO.pdf, 16.06.2007 20:14

[VDA 05] Verband der Automobilindustrie e.v.: Auto Jahresbericht 2005. Frankfurt am Main: VDA Presse- und Öffentlichkeitsarbeit 2005.

[VDI 09] o. V.: Gründruck VDI-Richtlinie 5200 Fabrikplanung, VDI-Handbuch Betriebstechnik, Teil 1: Grundlagen und Planung. Berlin: Beuth Verlag 2008.

[VDI 08] o. V.: VDI-Richtlinie 4499 Digitale Fabrik, Grundlagen, VDI-Handbuch Materialfluss und Fördertechnik, Band 8. Berlin: Beuth Verlag 2008.

[VDI 05] VDI-Gesellschaft Fahrzeug- und Verkehrstechnik: Nutzfahrzeuge: Lösungen für Sicherheit, Umweltverträglichkeit und Transporteffizienz. VDI-Bericht 1876. 2005.

[VDI 78a] Verein Deutscher Ingenieure: Begriffe für die Produktionsplanung und -steuerung: Einführung, Grundlagen. VDI-Richtlinie Nr. 2815, Blatt 1. Mai 1978.

[VDI 78b] Verein Deutscher Ingenieure: Begriffe für die Produktionsplanung und -steuerung: Fertigungsarten, Fertigungsablaufarten. VDI-Richtlinie Nr. 2815, Blatt 7. Mai 1978.

[VDI 92] Verein Deutscher Ingenieure (Hrsg.): Lexikon der Produktionsplanung und -steuerung. 4. Auflage. Düsseldorf: VDI-Verlag 1992.

[Webe 01] Weber, H.; Wegge, M.: Zum Wandel von Produktionsparadigmen in internationalen Organisationen – Die Adaption des Toyotaproduktionssystems in der Automobilindustrie. Kaiserslautern: Universität Kaiserslautern. FG Soziologie. discussion paper Nr. 101 2001.

[Webe 02] Weber, H.; Wegge, M.: Potentiale und Restriktionen von Produktionskonzepten für die Nutzfahrzeugproduktion im

Vergleich zur PKW-Produktion. Erschienen in: Baust, H.; Bergmeier, B.: Ganzheitliche Produktionssysteme – Gestaltungsprinzipien und deren Verknüpfung. Köln: Wirtschaftsverlag Bachem 2002.

[Weiß 00]   Weiß, C.: Methodengestützte Planung und Analyse von Endmontagelinien in der Automobilindustrie. Dissertation. Fakultät für Maschinenbau der Universität Karlsruhe 2000.

[Welt 06]   Die Welt: Drei deutsche Autobauer wollen mit Bluetec punkten. Artikel erschienen am 03.12.2006 http://www.welt.de /data/2006/12/03/1131224.html, 05.12.2006 16:23

[West 00]   Westkämper, E.: Kontinuierliche und partizipative Fabrikplanung. wt Werkstattechnik 90 (2000) 3, S. 92-95

[West 07]   Westkämper, E.: Vortrag anlässlich des IAP-Ehemaligentreffen im Rebenring 37, Braunschweig am 16.11.2007

[Wien 08]   Wiendahl, H.-P.: Betriebsorganisation für Ingenieure. 6., aktualisierte Auflage. München: Hanser 2008.

[Wien 96a] Wiendahl, Hans-Peter: Produktionsplanung und -steuerung. In: Betriebshütte Produktion und Management Teil 1. 7., neu bearb. Auflage. Berlin: Springer 1996.

[Wien 96b] Wiendahl, H.-P.: Grundlagen der Fabrikplanung. In: Betriebshütte Produktion und Management Teil 1. 7., neu bearb. Auflage. Berlin: Springer 1996.

[Wien 96c] Wiendahl, H.-P.: Produktionsplanung und -steuerung. In: Betriebshütte Produktions und Management Teil 1. 7., neu bearb. Auflage. Berlin: Springer 1996.

[Woma 90]   Womack, J. P.; Jones, D. T.; Roos, D. : Die zweite Revolution in der Autoindustrie. München: Heyne 1990.

[Woma 92]   Womack, J.P.; Jones, D. T.; Roos, D.: Die zweite Revolution in der Autoindustrie: Konsequenzen aus der weltweiten Studie des Massachusetts Institute of Technology. 6. Auflage. Frankfurt/Main: Campus Verlag 1992.

[Xu 04]   Xu, Fangming: Simulation in der operativen Produktionsplanung der Variantenfertigung am Beispiel eines Nutzfahrzeugherstellers. Diplomarbeit. Braunschweig: Institut für Controlling &

Unternehmensrechnung, Technische Universität Braunschweig 2004.

[Zülc 96] Zülch, G.: Arbeitswirtschaft. In: Betriebshütte Produktion und Management Teil 1. 7., neu bearb. Auflage. Berlin: Springer 1996.

Lebenslauf

Name:	Malte Medo
Geburtsdatum:	02. August 1976
Geburtsort:	La Paz / Bolivien
Familienstand:	verheiratet

Schulbildung:	1983 – 1986	Grundschule Waldschule, Nordhorn
	1986 – 1988	OS Freiherr von Stein, Nordhorn
	1988 – 1995	Deutsche Schule Valparaíso, Chile Abschluss: Allgemeine Hochschulreife
Studium:	1995 – 2001	Technische Universität Carolo-Wilhelmina zu Braunschweig, Maschinenbau, Fachrichtung Luft- und Raumfahrttechnik
	1998 – 1999	University of Waterloo, Kanada
	2001	Abschluss: Diplom-Ingenieur
	1999 – 2005	Technische Universität Carolo-Wilhelmina zu Braunschweig, Zweitstudium Wirtschaftsingenieurwesen Maschinenbau, Wirtschaftswissenschaftliches Aufbaustudium, Vertiefung Produktionswirtschaft und Finanzwirtschaft
	2005	Abschluss: Diplom-Wirtschaftsingenieur
Berufstätigkeit:	2001 – 2006	Projektingenieur, Projektleiter bei der IAP Institut für Angewandte Produktions- technologie GmbH in Braunschweig
	seit 2006	Geschäftsführer der IAP Ltda. in Valparaíso, Chile
	seit 2008	Geschäftsführer der IAP GmbH in Braunschweig